玄門真宗

關帝學 聖鸞學院系列叢書

關聖帝君 利益眾生事業

企業經營實踐策略

陳桂興 主編 黃士嘉 計畫主持

序　現代五常德——建立利益眾生的事業

關聖帝君的五常德教育「聖凡雙修的生活方式」，不但有理論、有方法，更有務實的經驗體證，邇來為推廣五常德教義，賡續舉辦多場大型學術論壇、扶鸞展演、座談研討、專書出版、公益慈善教育等活動，廣邀各宗教領袖、教育學者、領域專家來共同參與。

今年更延伸領域，與國立勤益科大產學合作，辦理「企業經營實踐策略學術論壇」，邀請學者教授群及各企業經營者參與研討，並收錄整理研討論述與心得，出版關聖帝君精神導引之企業經營專書，希望落實企業為「利益眾生的事業」的一盞明燈。

關帝文化流傳千年且深植人心，廣泛影響全世界的信仰與思想。關公之所以能備受歷代朝野的崇祀與敬仰，正是受其「仁、義、禮、智、信」五常德的美麗人格所啟引，而成就了聖賢之道的證悟。關公是貫串儒釋道諸多宗教領域的跨領域神尊，也因此聖號特多，佛教稱為護法神、伽藍菩薩、蓋天古佛，道教稱為關聖帝君、翊漢大天尊、三界

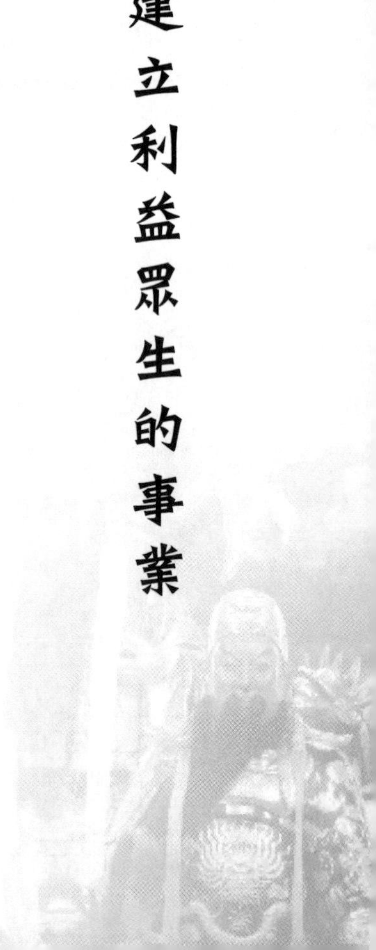

伏魔大帝，儒教稱為文衡聖帝、山西夫子，一貫道則稱白陽法律主……等。從道教封神、儒家稱聖、佛教護法，乃至於明、清時期以玄靈高上帝之尊昇座為第十八代玉皇大天尊。關公，不啻是整個華夏信仰演進的濃縮！

眾所周知，關公也是「武財神」。其一生戎馬，封神後卻又分尊為商場的守護神，關鍵就在誠信！明清晉商是世界前幾商場勁旅，而誠信是晉商的精神和文化的核心，恪守誠信為先，以義取利的信條，成就財富輝煌和樹立為商之道。關公的忠義誠信、英勇武功，正是商賈誠信的招牌與商旅的守護，惕勵商家「君子愛財，取之有道」。而關公是山西人，濫觴於晉商的財神關公膜拜，正代表誠信經營的企業精神。

關聖帝君的「五常德」是蘊藏在生命本體中的根本密契，古哲聖賢以「倫常」指引著人的行為綱常，並落實於生活的圓融法要，是生命中最根本，最重要而深入的生活指導。為符應新時代變遷，轉化為現代化的實踐方式，著重於生活中的五個面向，分別是：追求法喜的身體健康（仁）、創造通達的人際關係（義）、經營和諧的圓滿家庭（禮）、建立利益眾生的事業（智）、實現精勤的人生理想（信）。透過簡單易懂的方式，使生活獲得最好的成就，得到快樂的法寶，獲得自在圓融，豐盈生命的意義，求得幸福人生。

本次企業論壇，正是上述「建立利益眾生的事業」（智）面向之探討。隨著後疫情社會的變化，改變了原有的生活習慣與經濟體制，在起伏動盪之際，有的企業在疫情中茁壯、有的萎縮衰蔫，有的得到了轉機、有的卻要面臨退場。應當如何快速且精準的應變，解析潮流與洞燭先機，投入企業升級、找尋轉型契機、佈局世代交替，在在刻不容緩、是企業面臨的緊要功課。關公在「事業經營（智）」中且清楚提點，要實踐的五個重點方向：賺錢、工作、生活、理想、利益眾生。事業經營不是獨善其身或單一層面，不僅是個人與機構賺錢的狹義，而是如何取得生活平衡與創造生涯價值，更要將利益廣泛推及與造福更多的社會大眾，建立起利己又利人的眾生事業，這才算是成功的企業。

「玄門真宗」是以關帝為教主的內政部合法立案宗教，符應天時契機，彰顯關帝五常德「智」的理念、深化與企業經營的連結闡釋，圓滿完成本企業經營策略學術論壇。感謝五位學者專家的精研闡述，依序為：

◆**創新研發與企業經營**：宋文財教授（國立勤益科技大學電機工程系教授）

◆**顧客關係與企業經營**：周聰佑教授（國立勤益科技大學流通管理系主任）

◆**策略規劃與企業經營**：周少凱教授（嶺東科技大學國際企業系前主任）

◆**社會責任與企業經營**：龔袓元教授（國立臺中教育大學國際企業系創系主任）

◆**人才發展與企業經營**：薛朝原經理（勞動部勞動力發展署人才發展品質管理系統

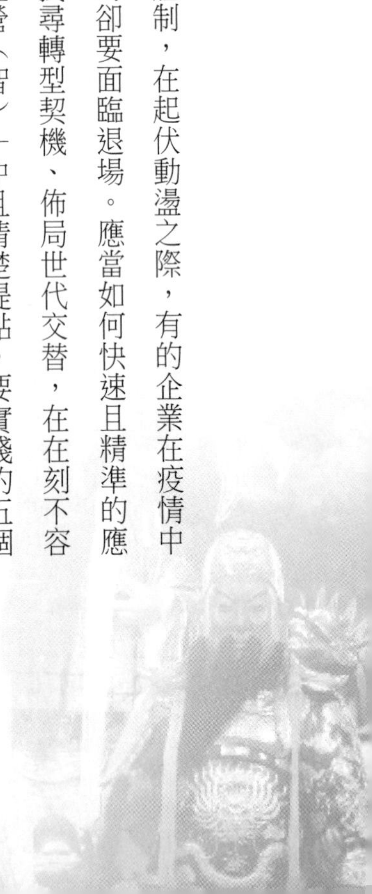

TTQS中彰投區服務中心專案經理）

針對企業經營的五個大面向提出精闢的論述，面對五G與後疫情時代之考驗，前瞻而務實提出修正，以應變遷並轉型蛻變。也期待企業本諸關聖帝君聖示垂訓：有服務的願心，朝經營利益眾生的事業，得證當下圓融國度、領受當下人間天堂。

此次論壇活動熱烈，逾三百家的企業先進、上百名中高階社會菁英共同激盪，前後參與累積超過五千人次。如此的凝聚與力量，咸信可以廣開關帝教門傳心、傳道、傳法，為企業、為利生的救贖誓願。在此代表玄門真宗教門，感謝承辦的勤益大學黃士嘉教授、及參與指導的諸位學者，更要感謝各公司行號、企業單位的踴躍參與！

再次祝福大家：依循聖凡雙修的生活方式，一切皆得幸福圓滿。

玄門真宗　創教教尊　玄興

世紀災難的疫情中

有的企業在疫情中茁壯

有的企業在疫情中萎縮衰蔫

有的企業藉此得到了發展契機

有的企業退化衰敗的令人心驚

隨著世紀災難疫情變化，所有企業起伏之際，
邀請所有企業主藉機投入升級，進行企業升級計畫，
佈局世代交替，厚實企業經營能量。

透過國立勤益大學的產學合作

邀請知名教授提出精闢的學研論述

建議企業經營透過疫情照妖鏡

直接面對改善企業經營的問題

目錄

第一章 『仁』——人才發展與企業經營

辦理2021企
選賢拔聖渡九

人才發展與企業經營

——教育訓練制度化與企業發展之關聯性

薛朝原
勞動部勞動力發展署人才發展品質管理系統
TTQS中彰投區服務中心專案經理

壹、前言——研究緣起

台灣的產業結構由農業、工業，逐步轉型為服務業及科技產業為主的知識經濟的年代，大部份傳統產業的經營者很少瞭解教育訓練對公司永續經營的重要性。但隨著時代科技的進步及環境的變遷，全球進入新世紀以知識為推動經濟的引擎，以及提升企業人力資本的意識為主流，故不論企業規模大小皆面臨到人才培育的極大挑戰，進而開始思考並積極建立教育訓練制度的必要性與急迫性。人才是國家與企業迎向未來的重要資產，企業對於人力資本的培育、提升與轉型逐漸成為整體經營發展規劃中受到重視的工作項目之一，更是企業永續發展的基礎及國家與社會競爭

力發展的基石。因此如何開發人力潛能及提升人力素質，實為當前刻不容緩的核心課題。

然而，環境不斷地改變，企業要面臨的競爭相對更加劇烈，「事」對人的要求越來越高，「人」與「事」之間的結合就常常處在動態的矛盾之中。雖然今天你是一位很稱職的員工，但是如果不持續進修學習，提升本身的知識及技能，相信不久的將來，很可能就被淘汰或是被取代了。由於「人」與「事」的不協調在企業經營是常見的現象，所以要解決此一矛盾的最佳方法之一，就是要進行員工的教育訓練，以強化員工的知識、技能及態度。所以，唯有利用「人」這項資產，來提升企業本身之競爭力，以增加組織績效，才是企業永續經營之道。所以企業的競爭優勢已不再是資金、資產或是科技，而是來自於其所擁有的人力資本及專屬的知識，而面臨全球激烈競爭環境的國際事業機構，優異的人力資本更是其建立不敗競爭優勢的關鍵因素。

一個企業要想在快速變遷的現代社會競爭中立於不敗之地，就必須重視員工的教育訓練。「學習訓練成長」是國家人力資本開發體系 (NHCDS) 促進國家人才存量之累高及其流量之擴大的支柱工具，其可維繫與增進國家人力學習訓練品質，確保職能素質之水準，使企業之產品及服務得以行銷全球市場，亦為達成國家提升人力資本政策及策略發展的重要方法（林建山，2011）。基於提升國家勞動力及強化國際間的競爭力，勞動部勞動力發展署（以下簡稱發展署）自民國96年開始，為因應國際人力資源發展趨勢，活絡國內人才投資及人力資本的發展，考量我國訓練發展產業特性，推動「訓練品質系統」（以下簡稱 TTQS），以確保企業在執行員工訓練時，整個訓練流程及品質達到一致性、可靠性及有效性。後為深化其內涵，促進人才發展與投資並和國際接軌，於一〇三年改名為「人才發展品質管理系統」（Talent Qualitymanagement System，以下簡稱 TTQS）。

貳、人才發展對企業經營的重要性

對於企業組織而言，實施教育訓練是為彌補經營目標與現況人力資源的落差，將員工能力不足的損失，控制到最小；另一方面，透過教育訓練提昇員工知能，開啟學習動機，進而促進工作的滿足感（職訓局，2007）。企業是以創造價值為核心，提升管理水準和創造績效為目的的事業體。而一個企業的文化是需要一段很漫長的時間與過程來塑造及形成。在實質上就是希望藉由企業文化的渲染提高員工道德文化素養、技術專長，並激發員工滿足生理、安全、社會、尊重、自主、自我實現等各種需要的主動性和創造性，培養員工的集體意識，塑造良好的企業形象，強化企業內部凝聚力和競爭力。因此，一個優質的企業通常會包涵兩個要素：一是核心價值理念是否明確、公開、清晰、卓越與創新。二是企業所訂定的核心價值理念是否能夠貫徹執行及落實，讓企業每個員工都能認同，並且在工作過程中得到體驗與驗證。從長遠和整體來看，員工教育訓練是改善和提升企業整體競爭力的一個基本途徑和手段，最後目標則是在於提升員工的素質和能力，優化及促進企業管理工作，進而達到企業永續經營的目標。企業只有透過教育訓練激發出員工最大限度的潛能，並使企業投資在培養人才上的精力獲得全面性的回饋。所以企業把教育訓練視為一種投資，而不是看成一項費用或是可有可無的任務，這樣企業才能造就及留住人才。

反觀現在有很多企業都訂定很優質的核心價值理念，例如：「以人為本」、「追求卓越」、「誠信互助」、「創新思維」、「品質至上」等口號。雖然企業所訂定的核心價值理念在不同企業間並沒有實質上的差別，但是在工作方法與行為的展現上卻有實質上的不同。企業如果要彌補這樣的落差，就需要透過制定完善的教育訓練制度，來使全體員工了解企業的經營理念及核心價值，將企業與員工本身的工作，做實際且有效的結合。

目前越來越多的企業已經開始正視培養員工的重要性，並領悟到「協助員工提升工作上的知識及技能是企業永續經營的成功關鍵」。本能率協會經營革新研究 (1990) 將培育人才方式分為三大類：在職訓練 (On the job training)、職外訓練 (Off the job training)、自我啟發 (Self development)，而此三大類隨著企業組織的需求與策略的不同，依據其訓練是否在工作場所中進行或是外派到其他合適之訓練場合而區分，讓員工以實際執行工作的方式進行學習。而此三種訓練制度之下，在基本知識及技能的傳達上，在職訓練為最主要之訓練方式，但企業組織也需提供職外訓練與自我發展方面的相關支援，因為有效的在職訓練有賴於完整的職外訓練與自我發展的配合（長谷川明子，2009），從企業經營策略的角度來看，為符合達成企業目標的需求，員工教育訓練必須是一種計畫性的安排，無論是透過職前教育、企業內部訓練或是參加外部訓練，都能讓員工獲得或改善工作上所需的知識、技能與態度，以利達成企業預期的目標與未來整體人才發展管理。而這三種制度之下，常見的員工教育訓練分為下列幾種形式：

1. 新進人員訓練：針對公司沿革、企業文化與經營理念、工安衛生教育、產品介紹等課程，使新進員工對於公司有完整的認識。
2. 核心職能訓練：公司每一位員工都必需具備的特質或能力，結合核心價值，以落實企業文化。
3. 專業職能訓練：依各部門功能別與組織職掌不同而需具備不同的專業知識與技能。
4. 管理職能訓練：依各管理階層所需要的行為層次，需具備的不同管理能力，共區分為高階、中階與基層主管的管理能力。
5. 專案教育訓練：依公司策略發展、高階主管指示、專案推動特性及專案相關單位需求課程，實施特定教育訓練。例如講師培訓、接班人計畫。

教育訓練及人力資源之發展乃是關係著企業是否能夠永續生存之關鍵與動力（吳啟瑜，

2002）。從企業經營的角度來看，我國企業對於人力的訴求日益精實化，而相繼投入許多的資源進行員工教育訓練。且從企業短中長期的發展來看，員工教育訓練是需要有計畫性的規劃，透過職前、在職與外部等各種訓練模式，讓員工充分具備工作所需的知識、技能與態度，以達成企業短中長期的預期營運目標。企業營運的價值來自於員工知識與智慧的貢獻，雖然多數的企業都知道提升人力資本的重要性，也就是透過教育訓練，不僅可以提升員工的技能與生產力，更能增加員工的忠誠度，減少離職及缺勤的情況（黃同圳，1996)。英特爾總裁葛洛夫 (Andrew Grove) 認為：沒受到良好教育訓練的員工，即使再怎麼努力，仍會落入缺乏效率、成本增加及客戶不滿意的狀態，甚至還會使公司陷入危機（巫宗融，2013）。由上述論點可知，企業整體員工管理運作不單純只進行人力聘用，還需要給予員工良好的訓練，並落實教育訓練制度，進而促進良好的訓練品質，使人力變成人才。

然而，根據經濟部中小企業處所發布之「2020 年中小企業白皮書」資料中顯示，2019 年我國總企業家數共 152 萬餘家，其中中小企業家數有 149 萬餘家，在整體國內產業結構中有近九成七皆屬於中小企業規模（經濟部中小企業處，2020），顯見中小企業在國內整體經濟與勞動市場中扮演著相對重要的角色。但礙於各項因素的考量，對於部份企業在沒有充份的人力及物力等相關資源的情況下，普遍沒有專責或專業人員負責執行員工訓練的相關業務，亦對辦理員工訓練的意願不高，導致當這些企業需辦理員工訓練時，並無明確的課程規劃來源、執行標準、管控機制、成果評估標準及分析方式，而導致訓練成效不彰的情形發生。

雖然現在的企業已經越來越重視教育訓練，也試著將教育訓練落實到企業內部，但是當企業在推動教育訓練制度時，卻往往不得要領及無法有明顯的改善成效。歸納其可能原因有兩種：第一，企業在執行教育訓練時，往往未能有整體的規劃，都是想到才做，或者是發生問題才要做，就是所謂的「救火式」的教育訓練。這樣的教育訓練均為無制度性及系統性的規劃，很難在訓後得到具體的訓練成效；第二，沒有進行確實的訓練需求調查及落實學員遴選的動作。企業在進行教育訓練時，未能於訓練規劃時，針對不同職級和不同部門的員工進行明確的教育訓練需求調查及區分階層別及專業別。這樣「有教無類」式的企業教育訓練制度，必會導致無法彰顯教育訓練的成效。第三，教育訓練課程講授方法均無變化。於教育訓練規劃時，未能考慮訓練課程的教學方法的適用性，是否需要於課程中運用案例分享、分組討論、研討活動…等等的訓練方法，導致上課員工對企業辦理訓練產生排斥、消極及參與意願不高等問題。

所以，在此一情況下，發展署於民國96年開始推動TTQS，藉由TTQS的五大管理迴圈，協助企業在辦理教育訓練時能有所依循，並能更有效彰顯員工訓練後之工作成效或績效。根據林文燦等多位專家學者認為，TTQS人才發展品質管理系統是一套從策略性思考訓練績效的標竿式計分卡，其特色包含：「整體性」指著眼於組織目標、需求與全面的均衡；「符合性」指符合系統要求，能與國際標準連結；「一致性」指確保組織績效要求、個人職能及訓練計畫的一致性；「落實性」指落實 PDCA 管理循環，實事求是；「持續性」指持續改善，止於至善（林文燦等，2009）。王瀅婷(2006)的研究則是將訓練實施程序分為計畫(Plan)、執行(Do)、檢核(Check)、回饋(Act)四個階段，其研究結果顯示出訓練投入與訓練實施制度或辦法對訓練成效有正向影響。而 TTQS 是一個完整可讓企業經營策略規劃與訓練執行及成效達成有效連結的一個管理制度，並且可依據企業規模大小、產業別及實際運作不同而調整執行方式的一種制度，其五大管理迴圈包括：

1. 計畫（Plan）：主要是關注訓練規劃與企業營運發展目標之關聯性及訓練體系之實踐能力。包含：組織願景／使命／策略的揭露與目標及需求的訂定、明確的訓練政策與目標以及高階主管對訓練的承諾及參與、明確的 PDDRO 訓練體系及明確的核心訓練類別、訓練品質管理的系統化文件資訊、訓練規劃及經營目標達成的連結性、訓練單位與部門主管（包含事業部、利潤中心與功能性：研發、財務、行銷、業務、人資及其他等部門主管）訓練發展能力及責任等六大項目。

2. 設計（Design）：主要是著重於訓練方案之需求界定、職能分析及系統化設計（含利益關係人參與、與需求符合度、遴選課程標準、採購標準程序等）。包含：訓練需求相關的職能分析及應用、訓練方案的系統設計、利益關係人的參與過程(可能之主要利益關係人，如：受訓學員、客戶、部門主管、訓練部門人員、高階主管、講師或專家等)、訓練資源的採購程序及甄選標準、訓練計畫及目標需求的結合等五大項目。

3.執行（Do）：主要是強調訓練執行之落實程度、訓練紀錄與管理之系統化程度。包含：訓練內涵按計畫執行的程度(是否依據訓練目標遴選學員、選擇教材、遴選師資、選擇教學方法等切合性及選擇教學環境與設備等)、學習成果的移轉及運用、訓練資料分類與建檔及管理資訊系統化等三大項目。

4.查核（Review）：主要是著重於訓練定期性執行分析、全程管控與異常的處理。包含：評估報告及定期性綜合分析、管控及異常矯正處理等二大項目。

5.成果（Outcome）：主要是著重於訓練成果評估之層級與完整性計訓練支持續改善。包含：訓練成果評估的多元性和完整性(反應評估、學習評估、行為評估、成果評估)、高階主管對於訓練發展的認知、支持及評價以及訓練成果等三大項目。

有效的員工教育訓練，其實是提升企業綜合競爭力的過程。事實上，企業對員工進行教育訓練，可以作為直接提升經營管理階層的能力水準和員工工作上的技能，為企業提供新的經營方向及信息。也是增長員工知識、技能、態度和創新精神的根本途徑和方式，是企業做為重要的人力資源開發策略之一。因此企業對員工的培訓與企業經營策略之間是需要緊密連結，相互不可缺少，企業經營策略規劃是企業未來前進的方向與動力，而員工是注入企業活力的資源，員工有完善的培訓制度是提高企業內部工作績效的一種手段與激勵方式，兩者必須相互結合，企業才能有更好的發展與達到永續經營的目的。

有完善的教育訓練能增加員工對企業的歸屬感和責任感。就企業而言，對員工的教育訓練越充分及越貼近員工需求，對員工就越具有吸引力，進而為企業創造更多的效益。教育訓練能促進企業本身與企業員工及各階層管理主管與各部門員工的雙向溝通，強化員工對企業的向心力和凝聚力，進而塑造優質的企業文化。目前大部份的企業進行教育訓練是採用內部訓練或委託管理顧問公司進行訓練的方式進行，而這也是最容易將教育訓練融入企業文化的方式之一。畢竟企業文化是一家企業的靈魂，是企業在經營管理中逐步形成，是一種以企業包含使命、願景、宗旨、精神、價值觀和經營理念為核心，並為全體員工所認同及遵循的文化體系。如果企業能加入學習型組織的企業文化氛圍，並得到企業各主管和員工的認同，不僅員工會自覺學習掌握新的知識和技能，而且會強化質量及創新意識。進而培養全體員工形成自學的良好氛圍，讓企業所需的人才不斷茁壯成長。所以，完整及確實的教育訓練規劃能提升員工綜合素質，且能提高員工生產效率和服務水準，並能樹立企業良好形象，增加企業獲利能力。

企業間的競爭基本上就是企業內部人才的競爭。企業重視員工教育訓練除了培養企業優質人才的後備力量，並可讓企業及員工快速適應市場的變遷，強化企業競爭優勢，增加企業永續經營的生命力。現階段，大部份企業在經營策略上，逐漸體會到教育訓練是企業發展不可忽視的人才投資，是增加企業永續經營的根本途徑。事實上，人才是企業最重要的資源，有了優秀的人才，企業才能製造出優質的產品或提供優良的服務，並提升市場競爭力，為企業創造業績，讓企業達到永續經營的發展模式。

企業策略規劃是指由企業高階管理者與各部門凝聚企業商業目標共識，訂定年度營運計畫。藉由透過策略工具分析內外部環境，檢視外部的機會和威脅與分析內部的優勢和劣勢，突破企業發展瓶頸，協助企業將有限資源做最有效的配置。同時，訂定企業所發展的產品組合或服務機制的行動方案，協助公司確認目標市場和目標客戶群，找出存在市場的價值主張，達成公司目標。因此企業員工的教育訓練與企業經營策略之間的連結是需要緊密相連，相互不可缺少，企業策略規劃是企業未來不可缺少的藍圖，是企業未來發展的方向與動力，而員工是企業的活力資源，訓練員工是提升企業績效的一種手段與工具，兩者並須相互結合，企業未來才能有更好的成長與發展。

參、人才發展的實踐之道─企業主的角度

從彭金山（2007）及江增常（2008）的論述，臺灣企業普遍在導入TTQS常見的問題包含有高階主管支持度不夠、企業缺乏專業的人力資源部門與人才、承辦人員的訓練職能有落差、對訓練觀念尚未發展成熟、工作與訓練常造成衝突、從業人員接受訓練意願不高。企業辦理教育訓練成功與否，除了要有一套健全的教育訓練管理制度外，最主要關鍵點在於企業主或高階主管的態度，因為企業主或高階主管的態度與參與程度，直接影響員工對教育訓練的心態及配合程度。企業在執行或辦理員工教育訓練時，若得不到企業主或高階主管的全力支持，企業將無法保有永續之經營及面對外在強大的競爭力。蔡維奇（2008）指出當組織的環境有利於訓練的實施時，教育訓練才能發揮功效，而此環境包含了下列四點：

1.企業組織之方向：配合組織未來的策略與目標，規劃出符合組織需求的教育訓練。

2.主管與員工對訓練的支持：員工與主管對教育訓練的態度支持與否，會影響員工接受訓練的意願。

3.組織之氛圍：是指員工是否有共識，覺得組織是否重視、鼓勵員工，將所學知識技能運用在工作上。

4.訓練資源：指組織提供員工的訓練時間、預算和專業度是否充足。

但是，目前部份企業主或高階主管還是不重視教育訓練，其主要原因分為：1.擔心教育訓練的成本相當昂貴；2.員工佔用工作時間參加教育訓練，會影響原訂的工作生產排程；3.無法評估訓練成效及訓後對企業帶來多少效益。

由於上述三種原因導致對教育訓練望之卻步。但以長遠來看，教育訓練其實是有利於公司未來的發展與員工的職涯規劃及留任率，所以教育訓練對企業仍然是必要的。

1.突破傳統的思維：有些較資深的員工可能因為對於工作內容或程序太過熟悉，而導致習慣用過往的經驗來判斷工作上的問題或是停滯不前，進而造成在工作執行上優化的空間。而透過教育訓練可以讓員工提升工作上彈性思考的能力及新的知識或技能，以面對時空環境變化的需求及挑戰。

2.提升工作的產值：教育訓練可以針對部門規劃一系列的改善課程，以進行部門目標缺口的改善計畫，透過明確的訓練需求課程規劃，協助部門改善整體的工作本質，讓員工增加團隊合作的精神，或是提升作業能力，並增加在工作執行上的成效。

3.降低企業的成本：透過教育訓練除了可以改善工作品質，降低產品不良率。並可預防員工的錯誤率，增加員工在工作上的信心，進而減少因為錯誤而須要花費進行修正的時間成本以及為了解決問題而產生的相關成本。

4. 降低員工的流動率：企業主或高階主管在培養員工時，如能提供完善的教育訓練與相關的獎勵及晉升措施，能讓員工更加重視在工作上的表現，並提高工作滿意度。當他們融入並認同企業文化時，也會更加肯定自己對公司的貢獻。這對公司的長遠經營來看是非常重要，因為當員工對企業的向心力提高，相對的就可提高員工的留任率。

企業主或高階主管的認同與支持是企業辦理教育訓練成功與否的重要關鍵因素之一，因為企業主或高階主管是最直接的策略規劃者與執行者，而教育訓練成效在於是否在課程規劃時與企業的策略及目標相連結。根據 107 年至 109 年所統計共 549 家次接受 TTQS 評核之企業單位，其中 64 家次獲得銀牌以上的高牌等殊榮，並從評核委員給予的意見中顯示，這些高牌等之單位在整個教育訓練執行過程中，課程規劃與企業的短中長期經營目標有非常強烈的連結，並在訓練後規劃進行課後行動計畫、建議改善方案、課後心得分享或測驗、修訂或制定 SOP、團隊競賽、擔任內部講師或專案推動…等等。並與員工的薪酬、獎勵或升遷…等等相結合，一方面讓教育訓練的成效對企業整體經營管理上有非常具體的助益。另一方面，從意見中亦呈現出企業的企業主或高階主管對整個企業的教育訓練的支持度及參與度是非常高的。因此，高階主管的承諾與支持度及參與度，是教育訓練能否帶給企業具體的成效，非常重要關鍵影響因素之一。從企業主或高階主管是否支持或參與教育訓練，就可以看出一個企業對辦理教育訓練的重視程度。最主要除了表示對訓練的重視之外，企業主或高階主管的參與可以從訓練過程中了解部屬的想法或看法，如果部屬在訓練中提出好的方案，就可以由上而下形成有效政策，並落實推動。企業這幾年所遇到的瓶頸為如何提昇生產力與競爭力、降低產品品質的不良率降低、提升員工素質與企業形象、降低企業經營的直接及間接成本、降低員工的職災、降低員工離職率、降低生產人員對機器操作的錯誤率、提升客戶滿意度…等，而這些問題均能藉由教育訓練的落實執行，得到有所改善。顏世霖(2003)指出教育訓練對組織績效影響如下：

1. 使企業能適應快速的技術變遷。
2. 克服技能、技術、方法、產品、市場、資本管理等方面的障礙。
3. 減少意外事件及離職、遲到、缺席等事件的發生。
4. 增強主管的領導能力。
5. 提升企業競爭力、幫助組織永續經營。
6. 減少材料浪費及不良品製造率，降低材料成本。

因此，建立一個有系統性的教育訓練管理制度，並且與相關人力資源發展管理措施相連結，如薪酬、升遷、輪調…等，不但可以更有效提升教育訓練成效，亦可提升企業生產效率，並增加員工對企業向心力及認同感，進而降低人才的流失。所以從企業經營管理層面來看，企業必須避免需要用人時才進行招募或是尋找人力，而應有計畫性的進行企業短中長期發展過程中人才需求分析，並落實教育訓練的規劃及執行，才不會導致需要人才時，無足夠的時間訓練員工，進而造成訓練成效不彰，無法對企業帶來效益。因此，有計畫性及系統性的教育訓練機制，並獲得企業主或高階主管的支持與參與，對企業未來發展是很重要的永續發展策略。

所以，企業想改變員工對教育訓練理念要從企業主或高階主管開始。由於企業主或高階主管對教育訓練的不重視，相對影響員工對教育訓練的重視度不高。所以，要改變員工對教育訓練理念，首先要改變企業高階主管對於教育訓練理念，並且更要重視人才發展的品質管理。因為企業主或高階主管在企業具有決策的權力，所以無論在提升員工職能訓練或是人才發展過程中，都需進行明確的、詳細的、深入的調查，依據企業及各部門發展目標，運用相關工具針對目前內部資源及外部環境，進行企業相關策略發展方向的分析，藉以擬訂出與各部門設定之營運目標及員工職務落差的提升有連結性的教育訓練計畫。甚至也可以依據每個員工的未來職涯發展設計或擬訂個別化的訓練計畫，做到訓練計畫及目標需求的結合。

另一方面，企業主或高階主管需要讓員工瞭解辦理教育訓練主要目的是讓員工能得到更新的知識及技能，並運用新的知識或技能提升本身工作上的能力，或晉升的重要途徑，並為員工帶來更多未來的職涯發展機會，讓員工意識到企業辦理教育訓練確實關係到本身未來的利益，激發員工的學習熱情與學習動力。

另外，企業主或高階主管必須重視訓練評估和訓後質化及量化追蹤。明確的訓練目標，對訓練的執行及評估具有關鍵的影響，有了明確的訓練目標，訓練承辦人員才能選擇有效的訓練方式以及適當的評估方式，以確認訓練的成效。企業投入大量的人力、時間與經費辦理教育訓練的目的，主要乃期望訓練的結果能夠增進組織的營收及獲利。

所以，在訓練體系的運作中，訓練評估和訓後追蹤是很重要的一環。要先制定評估標準，並依據教育訓練 SOP 落實進行訓練，訓後進行各種評估模式。而目前最常使用的訓練評估模式導源於 Kirkpatrick 於 1959 年至 1960 年發表的『評估訓練方案的技術』中的四種評估模式，依次序為「反應評估」、「學習評估」、「行為評估」和「成果評估」，該評估模式至今仍為學術界與企業界所常引用。

(一)反應評估：一般於課程結束時執行，用以評估員工對訓練的滿意程度。最常用的方法是問卷調查、面談、觀察及座談等評估方法。企業須著重在員工對於所規劃的訓練計畫及其他面向之滿意度反應，如課程時間、上課方式、時間、講師表現等哪部份滿意或是需改善之外，作為下次規劃課程的改善方向。利於下次課程規劃時做出調整，達到持續改善的精神。

(二)學習評估：一般於課程結束時執行，用以評估員工受訓之後各方面之成長。評估學習層次的目的在於幫助組織了解員工是否吸收課程所欲傳達之訊息，員工是否因為訓練課程而有知識、技能、態度上之改變。評估方法則建議可依據所規劃課程內容不同使用前、後測的方式、心得報告、筆試或術科實作，來衡量員工訓練後進步的程度。

(三)行為評估：一般於課程結束後三個月執行，用以評估員工在工作上的行為改變。行為層次主要在測定學員是否能將學習成果移轉至職務執行上，以及員工的行為是否能訓練成所期盼的目標。為讓員工能充分將訓練所學的知能內化於工作場域中，著重在訓練實際運用的情形。評估方法可使用觀察法、工作樣本法及工作測試等。建議在訓練實施時，可由講師或人資部門，先引導員工設定學習目標與如何運用的方法及運用後對於工作上之可能獲益，做出預期的目標設定，並於訓後規劃課後行動計畫，人資部門或主管就可依據課後行動計畫進行訓後追蹤調查，以了解員工在訓後運用於工作改善上的程度。

(四)成果評估：一般於課程結束後約三～六個月或一年後進行評估。用以評估員工受訓後績效的提升。主要說明員工如何由訓練後行為或技能的改變達到組織的目標。依據訓後的成效，是否能提升個人績效，進而達成部門目標的要求，最後達成企業營運目標，如員工向心力、營收成長、獲利成長、不良率降低⋯等相關成果評估。

肆、人才發展的實踐之道—員工的角度

隨著社會經濟的發展，企業面臨全球化競爭，企業為維持高度競爭能力，漸漸重視員工教育訓練。畢竟員工透過教育訓練可以提升企業本身的競爭力，塑造企業文化，強化企業內部員工行為準則的重要手段。相關研究(Mobley，1977，Ribelin，2003)、市場研究調查(美商惠悅企管顧問公司員工態度調查，2007)指出影響企業關鍵人才留任意願之主要因素包含：工作滿意度、企業形象、公司未來發展性、企業文化、工作內容具挑戰性及成就感、工作量負荷、升遷發展機會、教育訓練及學習環境、主管領導風格與管理方式、薪資報酬與員工福利、同事情誼及工作氛圍、工作環境(辦公設備場所、安全便利及舒適)、工作與家庭的平衡等。並且指出關鍵人才感受到的留才策略包含：公司經營策略、薪酬福利策略及教育訓練發展策略。所以，企業想要留住人才，教育訓練及學習環境或訓練發展策略，是一項重要的因素。然而，隨著組織與員工或是訓練制度本身之種種因素等不同，教育訓練之制度仍有不少阻礙，如：缺乏對教育訓練之熱誠、訓練制度設

計不良、組織缺乏進行訓練與評估之專業知識之人才，以及許多影響訓練成效的因素難以控制，如同市場、科技、行銷、政治、環境等超出企業組織對教育訓練的掌控範圍（簡建忠，1994）。很多企業常會提到「員工就是公司的最大資產」，但實際上應該是「能為公司創造出績效的員工是公司的最大資產」，而好的員工深知，唯有懂得訓練自己成為一個好人才，才能提升自我競爭力，並且永遠炙手可熱。認為自己獲得適當訓練的工人，其在各構面的工作滿意度，也都較未獲得者來得高（徐正光，1977）。而黃宛莉 (1997) 的研究發現，前程規劃和人力訓練，對於工作滿意中的內在、外在及一般滿意構面，皆成顯著正相關。所以企業唯有提供教育訓練與栽培員工，並訂定有效的教育訓練計畫及制度才能提升員工彈性思考的能力，適應大環境迅速的變化，提高工作品質，降低員工的出錯率，增加工作執行的效率，進而減少糾正錯誤所花費的時間，以及為了解決問題所產生的成本。並且讓員工提升工作滿意度，更加肯定自己對企業的貢獻，提升員工的向心力、降低員工的離職率。蕭琨哲 (1992) 亦由實證得知，成長需求與工作滿足成正相關。由此可知知識的學習可提升工作的滿意度。

在職訓練有助於人力資本的累積，使員工生產技能更為精進，生產力更為提高。工作滿意度的應用與訓練相關實證研究發現，若員工獲得之訓練與進修機會越多，其工作滿意度越高（林妙雀、趙心潔，2010）。將訓練視為人力資本的投資，是眾人對訓練的普遍認知。企業提供訓練，也預期訓練能獲得成效，以符合投資與報酬之間的關係。典型相關分析研究發現，齒輪加工業員工在各種類知識的教育訓練程度越高，對應的知識種類之應用程度也越高。尤其專業性知識的教育訓練越高，對於直屬上司的滿意程度會較高，其次才為工作本身與工作夥伴，至於與薪資和升遷的關係則不明顯。（洪福彬、李志鴻、劉仁超，2014）。

事實證明，人才是企業的重要資源，人才的培養需要企業、企業主或高階主管對員工教育的重視及支持，並配合相關的配套措施。因為當員工得到好的教育訓練後，轉化成人才，能帶給企業或員工本身相對的效益。如：員工對生產工具操作熟練程度及技術水準的提升等。經過企業有規劃性及完整性的教育訓練，企業員工所能接受和掌握產業新專業或新職務的速度越快及品質越好。完整的教育訓練除了提升員工技術水準，亦提高設備妥善率與利用率，使經濟效益有顯著的作用。管理幹部接受完整有制度的教育訓練，可讓企業各階層的管理者的素質得到明顯的提高和改善，並將管理方式融入現代化管理技術，以降低生產及管理成本，可見教育訓練是讓員工協助企業提升經濟效益的重要途徑。

所以企業辦理教育訓練對員工而言，是能夠增加員工工作知識、提升工作專業技能及強化在工作上的判斷力與反應力，有助於員工在職涯上的發展。另一方面，如果企業能制訂完善的教育訓練制度及與人才發展或獎勵措施有所連結，並配合績效評估與員工晉升制度，必能為企業帶來預期之效益。但是，目前大部份企業在執行教育訓練時，常常面臨員工對參與企業所辦理教育訓練的積極度不高，造成教育訓練流於形式，很多員工認為教育訓練等於在浪費時間，影響下班休息時間。或者是把教育訓練當成一種「休息」，甚至有些參加教育訓練的員工是由主管隨意指派。另一方面，企業主或高階主管也發現投入了大量的訓練資源及時間，卻達不到預期的教育訓練目標，員工的職能亦無法得到提升，企業所存在的問題或是落差持續得不到解決。當然，也造成企業資源的浪費及經營成本的提高。所以企業針對員工參與教育訓練積極度不高的問題，可以從下面幾個面向進行思考，從進而提升員工參與的積極性，並提升教育訓練成效。

第一，建立系統性的教育訓練制度與管理體系

企業教育訓練工作的重點是建立系統性員工教育訓練的制度化、明確的教育訓練目的和方向以及把員工教育訓練納入企業人才發展體系之中。必要的教育訓練管理體系包括訓練制度系統化、訓練政策明確性及高階主管的訓練承諾及參與、訓練單位及部門主管訓練發展能力及責任、教育訓練管控與檢討及改善、訓後評估、預算及費用管理、訓練與績效考核管理等一系列與教育訓練相關的制度。

企業在擬訂年度教育訓練計畫時，除了需要與企業目標、需求及訓練發展方向相互連結外，

訓練規劃必須有適當的訓練課程設計流程及方案產出，如訓練目標、訓練方法、課程時程安排、師資遴聘、學員遴選條件、訓練教材、設施與環境及訓練評估方法⋯。並建立員工教育訓練激勵機制及訓後在工作表現上的獎勵措施，且及時對各項制度或辦法的運作進行管控及檢討，以確保企業員工教育訓練系統達到科學化和持續改善的精神。

畢竟完善的教育訓練制度及激勵機制或獎勵措施是帶動員工積極性參與教育訓練的有效途徑，適當的訓練對象和訓練規劃內容是達成訓練具體成效的前提；科學化的訓練方法是讓員工有效性學習關鍵。

第二，將教育訓練與員工職涯發展規劃相結合

員工職涯規劃是將員工的工作職涯規劃分為幾個重要的階段。企業可依據員工在職涯規劃上所擬訂的短中期目標上，協助員工設計、規劃及擬訂各個不同程度及不同內容的學習歷程，及制定可達成的時間和相關途徑方法，以利促進及激勵員工努力朝所規劃之職涯目標邁進。

企業把員工職涯發展列入企業教育訓練體系中，主要用意在於把企業的短中長期策略目標、不同員工的職涯發展階段的特點與訓練需求相結合。通過分析、評估員工的能力與價值觀等，並

針對員工規劃及開發一系列教育訓練方案，透過教育訓練及工作輪調等措施強化及增加工作經驗，讓員工的職涯發展和教育訓練同步，逐步實現員工職業生涯目標的過程。進而使教育訓練能與企業經營目標及員工個人發展目標做有效的連結。所以，只有把教育訓練及員工的職涯發展規劃相連結，將教育訓練融入到員工各階段的職涯規劃中，加強教育訓練與員工個人發展之間密切的連結，才能展現出教育訓練具體成效。

第三，確定訓練目標

訓練目標是衡量教育訓練工作成效的標準。教育訓練的主要目標是提高員工的知識、技能及改變員工的工作態度，藉此來強化企業整體之績效與員工向心力的策略。並且使企業與員工形成共同目標以維持企業的永續發展。一般而言，教育訓練目標主要的目的即優化員工與其職能的適用性；提高員工的專業能力和技術；提高員工的綜合素質及有效的溝通和團隊合作。

第四，準確的分析訓練需求

企業在訂定教育訓練計畫前必須針對組織、工作及人員等不同層面進行分析。透過分析了解各層面的缺口，藉以規劃出完善的教育訓練課程內容。而這三個層面分析結果可以瞭解企業經營目標、工作的落差及員工職能缺口，做為後續教育訓練課程設計與規劃之用。(一)組織分析：組織分析可了解企業整體目標與未來發展及不足之處。因此透過需求評估分析確認企業不足之處及發展目標，做為未來規劃教育訓練課程的參考，並做為教育訓練訓後評估成效的標準依據。(二)工作分析：工作分析是以工作說明書為基礎，包括員工工作的表現及完成各項職務所需具備的知識、技能與態度。在需求評估分析中是針對企業賦予員工工作任務所需具備的工作條件、工作需求及工作內容進行評估分析，以利做為訓練課程設計與規劃。(三)人員分析：人員分析是從個人工作行為表現上進行分析，協助主管瞭解員工工作績效、專業技能及知識等工作職能上的落差，進行教育訓練課程設計與規劃。由此可知，教育訓練需求並不是個別進行評估分析，而是從組織分析、工作分析到人員分析，評估員工目前對於知識、技能與態度的缺口來規劃需要何種訓練，以藉由訓練改善其工作績效。

第五，靈活選擇的教育訓練方式，提升教育訓練的吸引力

改變傳統的教育訓練方法，採用並結合多元教育訓練方式進行訓練。對於不同部門的員工及不同課程內容，教育訓練方法應有不同的選擇，才能產生不同的效果。所以選擇正確的訓練方法是教育訓練工作中需要遵循的客觀規律。

最後，企業要提高員工參與教育訓練的積極性，是目前企業在員工訓練中遇到的最大問題。因此，企業主或高階主管必須重視教育訓練的作用，著手建立完善訓練制度、鼓勵員工自我成長、建立有效的激勵機制，並提升教育訓練的品質。只有這樣，員工參加教育訓練的積極性才會提高，進而達到企業永續發展和員工進步的共贏局面。

伍、教育訓練案例分析

為使各企業管理者及教育訓練相關人員了解完善的教育訓練做法，以中彰投區某家企業為例，從102年開始將教育訓練制度化，103年獲得高階主管支持，並由各部門主管組成教育訓練委員會，參與及管控教育訓練發展，帶動企業全體員工學習成長，並創造產業附加價值。該公司依據TTQS之19項指標，在持續改善的精神下，維持優質的教育訓練品質，有效地累積人力資本，保有企業競爭力。歷經6年TTQS的輔導及淬鍊，一路從過門檻、銅牌至兩次銀牌，最後得到金牌標竿單位的殊榮。其該企業的教育訓練重點作法與TTQS之19項指標關聯性，說明如下表：

指標項目	重點作法說明
1. 組織願景 / 使命 / 策略的揭露與目標及需求的訂定	公司核心競爭力隨著內外部環境的改變進行修正，從客戶、競爭者、公司本身及未來發展方向等四個觀點分析，以調整及強化核心競爭力。每年辦理策略研討會，並由董事長帶領中高階管理人員參與，重新檢視願景、使命、核心價值觀，進行產業內外部環境分析並展開公司短、中、長期經營目標策略、策略地圖及行動計畫，擬定各項人才發展重點，做為人才發展規劃依據。
2. 明確的訓練政策與目標以及高階主管對訓練的承諾及參與	公司有明確的教育訓練理念，並公告於公司公佈欄、官方網站以及內部知識管理平台，作為訓練計畫依據。董事長與總經理積極參與公司所辦理各項教育訓練課程，實質為鼓勵及帶動公司內部員工參與訓練風氣。另外，董事長每年年底於策略研討會中發表對公司教育訓練的想法，強調「人才是企業發展根本」表示不斷投資於人才發展及人員能力提升，公司才能有持續的傳承。並具體承諾且落實 8 大事項，「籌組教育訓練委員會」、「建構人才發展品質管理系統」、「訓練給予公假與全額補助」、「進修給予學歷津貼」、「訓練連結考核給予獎金、調薪鼓勵」、「優秀內部講師頒獎」、「董事長心談」、「持續提供訓練經費」。
3. 明確的 PDDRO 訓練體系及明確的核心訓練類別	公司教育訓練體系由 OJT 訓練、專業職能類、管理職能類、通識訓練類及內部講師培訓類等五大類別展開，並有明確的教育訓練重點及計畫流程。另外，建置專業職能及管理職能等 2 大項學習地圖，作為規劃及實施專業職能及管理職能之教育訓練參考。並依六大訓練方針展開的訓練重點，且因應公司人才發展需求，強化研發能力並結合客戶要求開發案而規劃系列課程。

4. 訓練品質管理的系統化文件資訊	公司訂有明確的訓練相關辦法的制定/修改、簽核、核准、公告流程及規定。並依據ISO文件管理精神，管理教育訓練管理辦法與訓練品質管理手冊之相關辦法、作業流程及表單。文件修訂時，皆經由教育訓練委員會審議，秉持持續改善精神，適時修正訓練品質相關辦法及表單。經核准更新後，相關文件以掃描方式，個別存放於公司內部網路系統及線上知識平台，提供給員工隨時查詢參閱。
5. 訓練規劃及經營目標達成的連結性	公司依據4大策略重點訂定9大策略目標，發展6大人才發展方針，及8項訓練方案，訂定20項訓練指標，藉以提升公司營收成長率、客戶存續率、產品開發效率、開發下單成功率、產品良率、人力資本投資報酬率、國際化人才儲備人數、可接班人選等重點策略指標。另外，因應未來國際化發展需求，於策略研討會討論後，再次進行人力盤點，盤點結束後決議補強當地業務開發人才，並以此缺口進行招募與訓練，已成功訓練印度地區、越南地區、印尼地區等3個區域的業務人才。
6. 訓練單位與部門主管訓練發展能力及責任 **部門主管包含事業部、利潤中心與功能性(研發、財務、行銷、業務、人資及其他等)部門主管**	公司具有明確的訓練體系分工架構，並訂定訓練相關單位權責，包含董事長、教育訓練委員會、總經理室、管理部及各部門主管。

7. 訓練需求相關的職能分析及應用	而辦訓人員職掌及相關職責載明於職務說明書，並依「訓練主管與辦訓人員職能盤點作業程序書」，進行職能盤點，經過職能盤點調查後的落差，由訓練主管提出補強方案進行訓練且補足缺口，使辦訓人員具備應有的能力及責任，對公司人才發展及訓練規劃方面，具備足夠執行的知識與能力。
8. 訓練方案的系統設計	而在部門主管方面，於職務說明書訂有 2 項責任及 5 項能力說明，載明需具人才培育職能。包含擔任教育訓練委員會成員、依學習地圖接受訓練並定期接受考核及職能盤點、每年定期規劃及執行部門年度訓練計畫、新人訓練規劃、OJT 訓練、每位主管皆須具備內部講師資格。
9. 利益關係人的參與過程	公司於教育訓練規劃、辦理及檢討等過程中，納入各利益關係人的建議，包含高階主管、各部門主管、員工、講師、外部顧客（廠商及客戶）等於各階段之參與的時間點，並收集及彙整討論事項，作為改善或強化教育訓練課程制定及修正的依據，以發揮教育訓練的成效。
10. 訓練資源的採購程序及甄選標準	公司訂有教育訓練相關採購程序及權限等相關遴選辦法及採購流程。如內部講師遴選明訂內部講師優化制度及內部講師晉級制度，以提升講師授課能力及鼓勵講師自我成長。外部講師遴選是依據公司目標需求提出，由內部講師優先遴選，如無符合之內部講師，再透過「外部講師遴選表」評選標準，進行外部講師遴選，經教育訓練委員會通過後，依核決權限進行講師邀請作業。外訓課程遴選依職能落差需求提出，填具教育訓練申請單審核後進行課程採購，確認開課後，進行課程請購。教材是由講師提出教材審核表，教材來源為自編，經部門主管及訓練單位審核後進行採購。場地遴選是按課程需求、學員人數及使用教具評估後，選擇內部適合場地辦理相關課程。

11. 訓練計畫及目標需求的結合		公司為強化訓練品質訂有「訓練規劃程序書」做為訓練規劃依據，結合公司短中長期目標需求、職能/績效落差需求、法令法規需求及其他等五大需求來源，由各需求部門提出後，訓練單位彙整統合進行訓練規劃。
12. 訓練內涵按計畫執行的程度	**a. 依據訓練目標遴選學員切合性**	公司依《訓練課程規劃程序書》，進行學員遴選標準，須符合專業職能、管理職能或法令法規之規定；並因應公司訓練政策，培養員工多功能及跨領域學習等，開放所有員工經部門主管審核後得參與課程。
	b. 依據訓練目標選擇教材切合性	公司依據課程規劃之內容及條件，進行講師授課教材內容的審查，確認是否與訓練課程目標切合。
	c. 依據訓練目標遴選師資切合性	公司依據課程規劃之內容及條件，參考講師之學經歷及專業能力是否與訓練課程目標切合，進行講師遴選。
	d. 依據訓練目標選擇教學方法切合性	公司依據各類型課程，共訂定10種教學方法，提供講師設計課程時參考。
	e. 依據課程目標選擇教學環境與設備	依學員人數、教學方法及教具使用需求，選擇適合的教學環境及設備。

13. 學習成果的移轉及運用	公司學習移轉機制依據課程及工作內容關聯性有不同的學習移轉方式，並建立知識管理系統，將相關學習移轉成果上傳至內部資訊系統成為公司知識庫，讓員工自主進行學習，促進與員工之間的交流與分享。包含心得報告、專案報告、行動計畫方案、SOP文件、成果發表、單位內部研討知識分享、外訓轉內訓授課、知識分享／學習平台、技術指導與交流。
14. 訓練資料分類與建檔及管理資訊系統化	公司的訓練資料以電子化及書面進行分類及建檔的紀錄。訓練資料以電子化方式歸檔，並朝無紙化方向執行。歸檔方式皆按其屬性儲存於公司內部網路檔案系統中，以及公告於線上知識平台，以利資料管理。而教育訓練書面文件及資料方面，根據訓練資料分類及資訊化管理規則，並依據年度結合訓練類別進行編碼成冊歸檔，且進行課程編碼標籤註釋，以利快速查閱。
15. 評估報告及定期性綜合分析	辦訓單位於課後、每月、每半年、每年，定期進行訓練檢討分析並邀請利益關係人進行審查及研擬改善機制。相關檢討項目彙整於相關紀錄表，包含記錄訓練目標達成成效、訓練方式接受度、學員出席率、員工訓練自評成效、異常紀錄處理及學員課後滿意度的回饋等項目，並呈報訓練主管簽核確認。並將學員意見及滿意度分析回饋於講師，持續改善未來課程品質。另外，訓練主管於每月的產銷會議中，向董事長及部門主管定期性報告訓練狀況，包含外訓課程的訓練人次、訓練總時數、外訓費用、內部訓練課程滿意度分析、員工訓練自評成效分析、專案性課程執行狀況與滿意度分析，以及未來課程安排說明。
16. 管控及異常矯正處理	公司的訓練單位依《訓練管控及異常處理程序書》之規定，於訓練計畫各階段，依照相關管控表之各項管控重點項目進行查核，並落實完整訓練過程的管控流程、項目及利益關係人，及明確設定各個管控時程／週期；若有異常則依訓練異常處理流程進行改善。

17. 訓練成果評估的多元性和完整性	a. 反應評估	由訓練單位進行彙整分析，問卷訊息回饋給講師及部門主管，並經教育訓練委員會修正及檢討，以利未來課程執行品質的改善。
	b. 學習評估	由訓練單位依據課程擬定各類型學習評估。包含試講試教，由同組學員與講師給予評語，作為隔年度開課時的改善依據。心得報告、課程作業、訓後分享會、測驗 / 實作及個案討論。並規範相關繳交期限及條件，以達到學習成效。
	c. 行為評估	公司明訂教育訓練成效追蹤規範。於各課程結束後，視課程類別由受訓員工提出訓後行動計畫，並實際運用於工作上。而公司部門主管不論課程類別，須於訓後6個月內進行受訓員工訓練結果評估，以確認訓練成效，如有不足或需強化的地方，將納入未來課程規劃重點。
	d. 成果評估	公司對於教育訓練課程訓後成果評估採取公司績效考核、目標與實際比較法、訓前訓後比較法等方式進行評估。以規劃員工職能落差或須強化能力之課程，並於訓後進行員工績效或成效比較，以確保所規劃之課程的有效性。
18. 高階主管對於訓練發展的認知、支持及評價		公司於每年12月定期向董事長及各部門主管執行【主管對於訓練的認知與滿意問卷調查】，以了解董事長及部門主管對於當年度辦理員工教育訓練的質化認知與感受，並提供下年度課程規劃之參考。
19. 訓練成果		公司呈現經營目標、部門關鍵績效指標及員工職能落差與教育訓練辦理後達成之成效，包含發展高附加價值材料、新材料開發、提升產品效能、國際認證、專利申請等各項成效，協助公司擴展新商機及營運成長率，展現訓練的特殊績效。

陸、結語

企業為何要進行教育訓練?從短期性來看是「解決目前企業問題」，而從長期性來看是「因應企業未來發展」。企業在執行新進員工訓練的目的是引導新進員工在企業裡能了解本身未來的發展方向，亦是提高員工對企業的忠誠度的做法；而持續性的在職訓練目的，能讓員工在日新月異及外在競爭力越來越高的大環境中，不斷精進員工本身的專業領域，協助企業創造出最大效益。故當企業在辦理員工訓練時，為讓教育訓練獲得企業主或高階主管及員工的認同及支持，並對企業整體發展中產出相對的成效及利益。故以TTQS之計畫（Plan）、設計（Design）、執行（Do）、查核（Review）及成果（Outcome）等五大管理迴圈，提出對企業辦理員工教育訓練之建議，並做為結語。

1. 教育訓練之「計畫」面

企業每年在規劃短中長期教育訓練前，應先透過各項分析工具進行分析公司內外環境整體的現況及企業缺口，並設定經營策略及行動計畫，以做為訓練規劃的依據。並積極擬定訓練政策，以為訓練規劃產出之重要參考依據以及訂定符合組織特性與發展之管理類及技術類等核心訓練領域或類別。除讓員工在參與訓練時能提升其認同感，並確保教育訓練成效外，也能達到企業預期經營目標。

王玲莉 (2006) 認為當主管與其他相關之人員對教育訓練的支持度越高，則會有助於訓練績效的成長。企業主或高階主管應該都了解訂定生產流程制度化是品質管控重要的依據之一，更是需要企業主及高階主管的支持與參與。而企業辦理教育訓練時，亦是需要企業主及高階主管的支持與參與。訓練制度化流程及辦法亦是辦理教育訓練的最重要依據，以做為訓練承辦人員的作業準則。

另外，企業應依據年度經營目標，連結企業願景、使命、部門 KPI、工作說明書或員工職能落差等構面，導引出訓練主軸及訓練課程內容，並提出預期訓後對組織所產出之成效，始能彰顯出教育訓練辦理的成效性。就如同一個成功的專案執行，就是企業內部「團隊」執行力的表現，教育訓練的辦理亦同。為提升訓練品質及有效性，除了承辦人員須具備該有的專業職能外，還需要企業內部各部門充分的協助與配合。

2. 教育訓練之「設計」面

員工職能落差的分析，亦是訓練課程規劃重要的來源之一；由員工的工作說明書進行職能落差分析，並將其分析結果導入訓練需求調查，並依核心職能、管理職能與專業職能三大類篩選適訓學員，是訓練成效彰顯的極重要因素。

完整性與系統性的訓練方案設計，不但可以做為執行訓練課程的重要依據，更可以做為辦訓人員督課的重要參考，可以隨時檢視訓練的流程與進度的執行，確保訓練品質。

建議利益關係人之參與，可增加以員工自我成長相關層面為出發點。企業可就受訓員工、講師、訓練單位人員、高階主管及部門主管等四大類人員，訂定利益關係人參與教育訓練相關流程之時機與規定，更可讓企業的教育訓練獲得全方位的品質保障。

講師的遴選大部份由企業主或高階主管直接指定，對於講師的評估機制較為缺乏。因此，訂定講師遴選流程與退場機制，可以對於內外部講師進行實際的遴選動作，聘請最適合的講師，能有效提升員工學習興趣，增進訓練成效。

3. 教育訓練之「執行」面

企業應依據員工職能落差情形進行學員遴選，並提供員工職涯發展階梯，給予適訓及對應的訓練課程。並結合多元訓練方法，依據學科及術科、理論或實務課程不同屬性之要求，建立適當的訓練方法，如講授法、小組討論法、示範及實際操作法等，以提高員工訓練成效。

另一方面，企業可透過內部刊物、資訊分享、讀書會知識分享及月會案例分享、公司內部自主改善等機制，建置訓練心得與知識分享平台等方式，並與獎懲制度結合，以鼓勵學員訓後之成效運用。

4. 教育訓練之「查核」面

企業可結合經管會議或單獨於每月或每季定期或不定期召開教育訓練檢討會議，針對講師、學員、設備及教材等四大面向的問題進行綜合分析與評估及異常矯正處理等項目提出檢討與改善方式，並做成紀錄，以作為爾後持續改善依據。

5. 教育訓練之「成果」面

教育訓練成果評估的多元性和完整性分為反應評估、學習評估、行為評估與成果評估等四個面向。透過多元性的訓練評估，能了解員工訓後對訓練規劃滿意度及對企業所帶來的效益，並彰顯訓練課程的具體成效。另一方面，企業亦可於教育訓練辦理結束後，對受訓員工的直屬主管進行訓後滿意度調查，由受訓員工的主管協助提供意見，進行訓後質化的追蹤，藉以瞭解主管對於訓練發展的認知與感受，更能有效呈現訓練的成效。運用訪談或填寫問卷調查表的方式，了解高階主管對於教育訓練的評價。在受訓員工返回工作崗位後的表現，需要定期進行追蹤回饋，以確認員工在各方面的表現或行為上是否有進步或改善，也可以進一步發現工作中持續存在的問題，為規劃下次的教育訓練計畫提供依據。質量訓後追蹤調查的方法可包括員工自評、同儕互評或部門主管運用問卷調查或訪談的方式進行質化調查。如果員工的工作性質是面對顧客，也可使用客戶回饋調查法：設計客戶回饋調查表，隨服務或事後進行調查。

期待各位企業經營者，皆能體會教育訓練對於企業經營的重要性，並能積極確實進行教育訓練的規劃、設計與執行，藉由教育訓練持續提升員工的專業職能，促進工作效率與效能，進而直接有效強化組織績效的成長。

柒、參考書目

王玲莉(2006)「教育訓練對組織績效的影響 − 以金融業為例」，國立中山大學人力資源管理研究所碩士論文。

王瀅婷（2006）。「中小型製造業的訓練投入產出關聯性之研究」。國立台北大學企業管理學系博士論文。未出版。台北。

江增常（2008）。企業為何要推動企業訓練及臺灣企業推行現況。東海大學 EMBA 演講。

行政院勞工委員會職業訓練局（2007）。企業訓練專業人員工作知能手冊。行政院勞工委員會職業訓練局，台北。

巫宗融（譯）（2013）。葛洛夫給經理人的第一課：從煮蛋、賣咖啡的早餐店談高效能管理之道。臺北市：遠流。(Andrew S. Grove，1995)

吳若權《情緒致勝：搞定自己，沒人可以為難你！》https://50plus.cwgv.com.tw/articles/12781/114

吳啟瑜（2002）。員工教育訓練時數與其工作績效之相關研究−以某半導體封裝測試公司為例。義守大學管理研究所，未出版碩士論文，高雄。

林文燦、廖文志、李季芳、鄭弼文、孔慶瑜（2009）。TTQS 訓練品質評核系統未來發展策略之探討。就業安全半年刊，8（2），68 - 75。

林妙雀、趙心潔 (2010)，「激勵性報酬、員工屬性與工作滿意度之研究－以台灣高科技產業為實證對象」，亞太管理評論，第5卷，第1期，53 - 74。

林建山 (2011)，精進國家人力品質的發展方向－國家人力資本策略 NHCDS 與 TTQS 體制之前瞻發展，財團法人環球經濟社，台北。

洪福彬、李志鴻、劉仁超 (2014)。「教育訓練對提高工作滿意度之探討～以齒輪加工業為例」。2014 年社團法人中華訓練品質學會第二屆學術研討會。

蔡維奇著、李誠主編 (2008)，人力資源管理的12堂課，台北：天下文化。

徐正光 (1977)，「工廠工人的工作滿足及其相關因素之探討」，中央研究院民族學研究所集刊，43期，23 - 63。

彭金山（2007）。中小型企業及訓練機構導入 TTQS 的建議。企業訓練聯絡網社群。

黃同圳 (1996)，「員工訓練與管理發展」，工業雜誌人力培訓專刊，11：60 - 64。

黃宛莉 (1997)，「人力資源管理對組織承諾與工作滿足關係之研究－以銀行業為例」，私立東吳大學企業管理學系研究所未出版碩士論文。

經濟部中小企業處（2020）。109 年中小企業白皮書。檢索自：
https://book.moeasmea.gov.tw/book/doc_detail.jsp?pub_SerialNo=2020A01653&click=2020A01653

簡建忠（1994）。訓練評鑑。台北：五南。

蕭琨哲 (1992)，「研發人員就業穩定性相關因素之研究」，私立中原大學企業管理學系研究所未出版碩士論文。

長谷川　明子（2009）。協調エンジニアリングの分析法 Multi-Context Map と Collaborative Linkage Map によるアプローチ。情報処理学会研究報告，ソフトウェア工学研究会報告，70，17 - 24。

Mobley，W. H. (1977). Intermediate linkages in the relationship between job satisfaction and employee turnover. Journal of applied psychology，62（2），237-240.

Ribelin， P.J. (2003). Retention reflects leadership style. Nursing Management，34（8），18～19.

第二章

「義」——顧客關係與企業經營

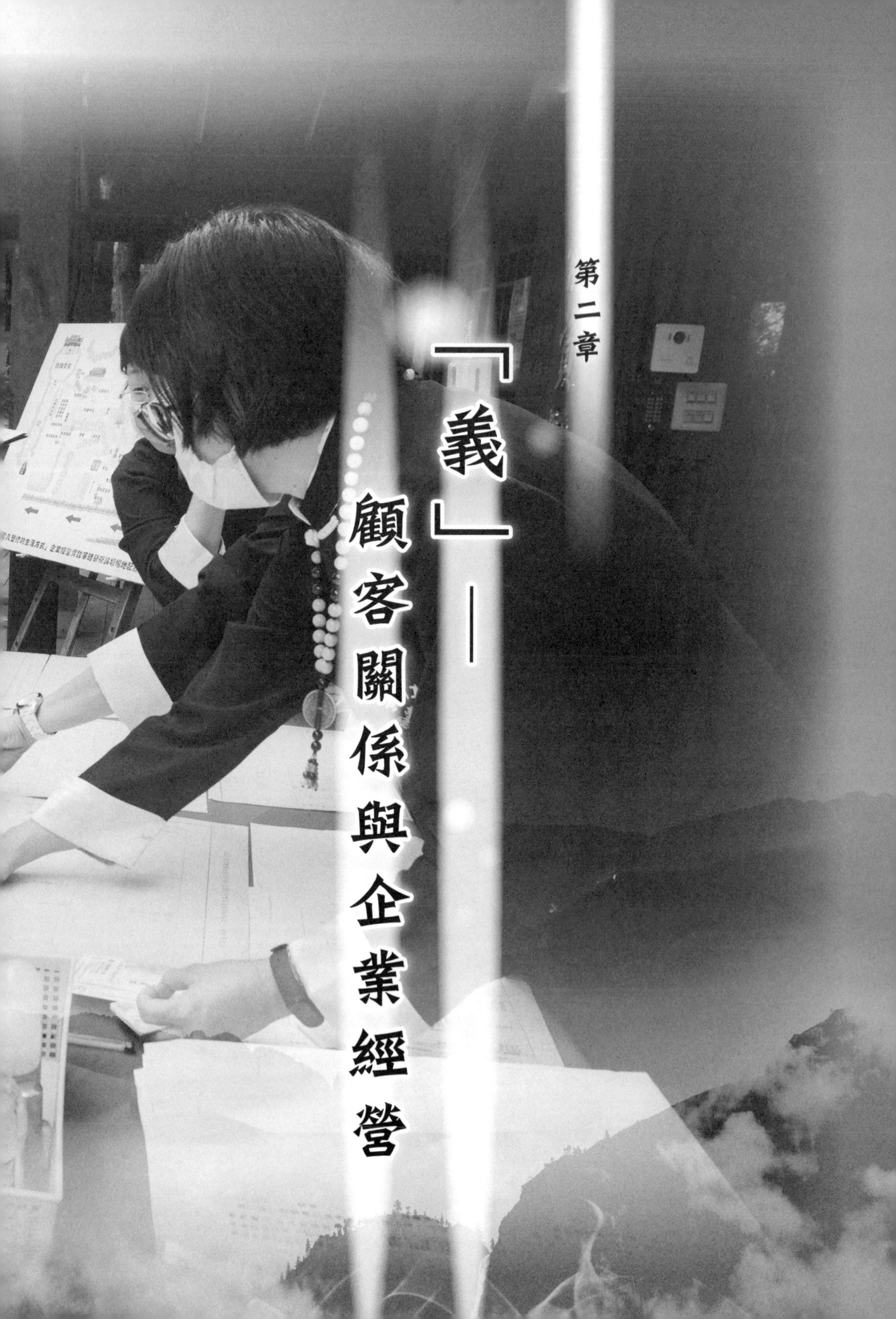

顧客關係與企業經營

周聰佑
國立勤益科技大學流通管理系主任

壹、前言─研究緣起

80年代的接觸管理 (Contact management)，蒐集顧客與企業連繫的所有資訊，90年代初期客服中心的成立，提供顧客各項問題的解決，這些都是「顧客關係管理 (CRM)」的前身。在90年代中期起，歐美企業掀起了顧客關係管理熱潮。其認為在現代市場競爭中，企業的經營不再只是依賴一成不變的產品來維持生存，而是需要瞭解和服務顧客，為顧客創造新服務、新價值與新需求來獲得利潤。並與顧客建立長期的互惠互存的關係，以提升顧客的忠誠度並形成競爭者難以取代的競爭力。因此，對企業而言，顧客關係管理 (Customer Relationship Management，CRM) 屬於一項全方位的關鍵競爭策略與過程。企業必須持續專注於了解與面對顧客之需求，透過客戶的獲取、保留和合作等程序與階段，建立共存之關係，以藉此為企業和客戶共同創造價值（Brown，2000；Parvatiyar and Sheth，2004）。企業一般的做法就是透過對顧客資料的詳細深入分析，找出顧客的痛點並優化銷售前、中、後的服務體驗，來提高顧客對品牌滿意度和忠誠度，為企業創造更多的收益。顧客是一個品牌、一間公司最重要的資產，因此 CRM 的核心理念就是「品牌的所有經營策略都要以顧客為中心」，顧客的反饋和數據將會作為公司決策重要的依據之一。

CRM 是一種整合性的商業和行銷策略，它整合了技術、流程以及所有與顧客相關的業務活動，其關鍵在於「關係」。學者 Davids(1999) 與 Peppers et al.(1999) 認為顧客關係管理即為關係管理、一對一行銷，均是可使企業創造出長期與顧客間相互獲利之關係，並建立忠誠度與獲取利潤。亦即從最初的業務互動留下顧客資料，再進行資料分析以預測顧客需求，進而利用行銷策略組合為顧客進行客製化的量身訂做，以提升顧客價值並獲得更多利潤貢獻度與忠誠會員。常見到顧客關係管理的優點可以彙整有：1. 降低行銷成本、營運成本，企業與其花大部分的行銷預算在拉攏新客，不如將經營熟客的預算提高，去深入瞭解他們有什麼需求，貫徹 80/20 原則，以最低的成本成功帶動營收；2. 幫助企業成長：完整的 CRM 系統可以將企業顧客資料搜集後按區隔變數分類，並根據大數據給予管理人員專業的分析，為每個族群制定出一套專屬的品牌行銷策略，亦可強化品牌與顧客之間的互動，以達到以客為導向的企業價值。3. 員工忠誠度提高：企業培養一群穩定的忠實顧客，企業獲利逐漸成長，這時會增強員工對企業的信心，進而提高員工留任率，員工發自內心認同公司，面對顧客將提供更好的服務，形成一個良好的正向循環。

從 NES 模型 (ECFIT，2020) 依據不同顧客的回購頻率，來判斷顧客目前的階段是主力顧客還是沉睡型，如果發現顧客已進入到沉睡階段，就得運用行銷手法重新燃起顧客的興趣，畢竟企業 80％的利潤是來自忠誠熟客，無論你是大企業、剛創業還是小吃攤，維繫顧客關係至關重要。研究指出企業爭取一個新顧客的成本是保留老顧客成本的5倍；簡單來說，一個公司若降低5％的顧客流失率，其利潤就能增加25％以上。由此可知良好的顧客關係不僅能降低成本，更能創造大幅度的營收。此外，忠誠顧客的消費，其消費支出願意多花 2～4倍。隨著忠誠顧客年齡增長，其消費能力亦會隨之增加，更有機會在公司消費更多金額。

玄門真宗乃於 1994 年由無極瑤池金母正式降令創立，以我國固有傳統三綱五常為體，融入現代人類心靈的需求為用，衍生出一套漸進務實的修行法則，尊奉玉皇大天尊玄靈高上帝（關聖帝君）為教主，於 2004 年向內政部正式申請核准設立第二十六個宗教。以五常德「仁、義、禮、智、信」為信念發展，從聖凡雙修中尋找自我生命意義的昇華為目標。而顧客關係在五常德中可歸類為「義」，主要著重於人際溝通與顧客關係管理，進而衍生出溝通、忠誠、信義與互動四大面向進行顧客與人際關係之提升。分別為：

一、溝通

溝通屬於一種信息的交換，由兩個（或以上）的人彼此發出、接收與確認的訊息所組成。好的溝通是一個雙向的溝通過程，藉由雙向溝通將可增加彼此瞭解與交流；藉由溝通可以讓自己更加善於談話和傾聽，藉由溝通亦能讓人獲得友誼、尊重和信任，最終達到和諧人際關係或顧客關係。因此，無論在現實生活中，還是在工作學習中，溝通與交流是個極為重要的能力。

二、忠誠

《說文解字》的解釋是：「忠，敬也，從心」；「誠，信也，從言」。可以說，忠誠是一種品格、道德與情感的表現。忠誠可以對朋友、對同事、對伴侶、對公司、對客戶，亦或是公司對員工的一種態度與表現。沒有忠誠的態度，就不會得到信任，也就不會有情誼、機會和價值或利益的產生，這對個人、組織或國家都適用。

三、信義

人與人之間能夠遵守互相之間或集體之間的約定、協議及諾言，誠實無欺，堅持到底，不輕易背叛、出賣、潛逃，有秩序有規範有禮儀，知廉恥榮辱，有所爲，有所不爲，即為信義。

四、互動

互動是彼此聯繫，相互作用的過程。日常中的互動是指社會上個人與個人之間，群體與群體之間等透過語言或其他手段傳播資訊而發生的相互依賴性行為的過程。

顧客關係管理是一種企業與現有客戶及潛在客戶之間關係互動與溝通的管理方式。亦即企業經由有效的溝通與瞭解，進而影響顧客行為，強化組織對獲取顧客、維持顧客、以及提升顧客價值 (Swift，2001)。Kerin et al. (2004) 指出成功的關係行銷在於企業能夠將顧客與公司員工、供應商及其它夥伴間進行溝通與連結，而達成彼此的長期利益。因此，將五常德融入顧客關係管理的理論與應用，將「義」融入工作與日常中的關係連結與相互溝通，將會是實踐聖凡雙修生命意義的具體表現。

貳、顧客關係管理對企業經營之重要性

一、顧客的重要性

顧客是企業成功與獲利來源之重要關鍵。根據 Feinberg et al. (2002) 的研究，當客戶保留率提高5個百分點時，利潤將增長25～80％。隨著市場環境的改變，要如何留住目前的顧客，著重於產品的差異性與個人化將是重要的因素之一。顧客關係管理是一種商業策略，是聆聽顧客需求進而了解顧客且維持顧客關係之一種行銷方式 (Peppers et al.，1999)，以行動導向 (Action-oriented) 的方式去了解及改變顧客的行為，以取得新顧客、服務舊有顧客，並維持有價值的顧客，最終結果是希望根據顧客購買行為，提供顧客量身訂做的服務，以達到顧客滿意，進而提高企業利潤。Kalakota and Robinson (2001) 與 Kandell (2000) 進一步指出，顧客關係管理乃是以整合性行銷與服務策略，發展企業各部門之一致性行動，以發掘顧客真正需求，致力於顧客滿意與顧客忠誠度之提昇。因此，以客戶觀點，顧客關係管理是以滿足顧客需求為核心；以企業角度而言，主要目標在於整合企業部門與員工的鏈結，以提供顧客不同之產品與服務，並儘可能提高顧客滿意度以留住顧客，以謀取企業最大利益。

企業有效地管理與顧客之間良好的關係，將能促使新顧客加入、留住舊顧客。有別於過去大量製造及大眾行銷的時代，透過完整客戶資料庫的建立與資料分析，了解顧客個別購買行為與需求的商品，並藉由分析透過各種有效率的通路行銷商品，掌握有價值的客戶需求的商品，以創立競爭對手間的差異性，藉以提昇企業的競爭優勢。學者 Peppers et al.(1999) 提出顧客關係管理的活動包含四個步驟，首先在確認顧客，其次是根據顧客對公司價值或需求進行區隔，進而與顧客互動，最後發展客製化產品或服務以滿足顧客個別的需求。

因此，顧客關係管理對於企業之重要性包括：1. 獲取更多長期顧客所貢獻之利潤 2. 減少銷售成本的支出 3. 提升口碑宣傳的機會 4. 強化公司的競爭力 5. 強化企業內部溝通 6. 提高員工忠誠度。由以上重要性更能彰顯融入五常德中「義」，不論是企業對於顧客的溝通，亦或是企業對於員工的承諾，甚至是員工對於企業之忠誠，都包含了溝通、忠誠、信義與互動四大面向。

二、顧客關係品質的重要

顧客關係管理的前身的關係行銷是指建立、發展與維持所有成功的關係交換並以其為導向的行銷活動。Perrien & Richard (1995) 認為關係行銷是一個不對等且個人化的行銷過程，這些過程是須以深度瞭解消費者的需要與特徵為基礎來長久維持，最後可與企業互蒙其利，並且為共同的信念而努力。關係行銷注重的是企業與顧客之間的關係建立、發展與維持，以穩固的關係達到企業目標，而關係品質被認為是可以增加產品或服務的無形價值，並且會在買賣雙方之間產生一個預期的交易 (Levitt，1986)。關係品質是評價購買者與銷售員之間的互動，用以加強關係，並通過滿足顧客的需求和期望來提高顧客的滿意度，更是關係績效衡量的一個重要指標（ ahina et al.，2016)。

Scott et al. (2019) 亦指出，關係品質用於預測顧客行為方面是有效的，關係品質指的是顧客和提供服務者之間的關係強度，且關係品質被認為是培養忠誠顧客的關鍵。關係品質的衡量構面有相當多的學者提出，常用的關係品質構面包含有信任、滿意與承諾。其定義為如下，

信任：顧客可以相信銷售員會以顧客的長期利益來行動。

滿意：顧客與提供服務者互動經驗之滿意度評估。

承諾：公司努力維持長期關係以增加雙方合作意願之程度。

參、顧客關係管理的實踐之道──企業主的角度

一、資料庫行銷的重要性

前文論述，顧客是企業成功與獲利來源之重要關鍵。透過多元管道全方面收集客戶的相關資訊，包括公司官網、電話、郵件、市場行銷活動、銷售人員及社群網路等管道，進行客戶資料的蒐集、分類與分析，藉以更加了解如何滿足目標顧客與潛在客戶的需求。因此，CRM 可以增進企業與客戶之間的關係，從而最大化增加企業銷售收入和提高客戶留存。此外，隨著顧客日漸清楚

自己究竟想要哪些產品或服務，並且對於自己想在何時、何地、透過何種方式取得產品和服務，有著明確的訴求和要求。除了藉由CRM滿足顧客的多樣化需求，企業亦需要跳脫以往的行銷策略，只由行銷部門獨力負責，或是針對每一項產品或服務，推出單一行銷的活動。因此，有鑑於行銷活動的範疇不斷擴大和複雜性不停的增加，學者Kotler (1999) 提出了主張包括顧客、員工、合作夥伴、競爭對手，以及社會整體等之「全方位行銷」（holistic marketing）的概念，此一廣泛與整合觀點，將能更有效地發揮關係行銷之技術與策略。

二、資料庫行銷的目標

資料庫行銷主要是協助解決CRM的問題，讓企業可以了解以下問題（陳美純，2019）：

1. **Who?** 鎖定目標顧客及市場區隔，掌握真正的顧客群。若以餐廳或飲料店為例可鎖定5公里內的目標顧客並了解其特徵。
2. **Do what?** 知道顧客進行的交易內容，採購哪些產品。依照顧客特徵分析，了解其為學生、上班族或是一般家庭，之後再進行主推之商品組合與促銷活動的設計，因為不同特徵的消費者接受程度不同。

3. **Where?** 透過哪些銷售管道找到顧客，例如：社群建立、APP下載、官網購物、門市、郵寄資料或是電話行銷，都是連結消費者的方法。

4. **How much?** 每筆採購的金額及數量為多少，藉由商品種類與數量了解顧客之消費力，將更能設計促銷商品。

5. **Why?** 企業舉辦哪些或哪種類型的活動可以引發顧客對產品的興趣或是參與活動，甚至進一步達成交易。

要如何得到上述問題的答案，即是進行相關資料的分析與歸納。常見的資料分析或知識挖掘主要的工具技術為資料探勘（data mining）。資料探勘又稱為「資料挖掘」、「數據挖掘」、「資料採礦」。資料探勘是一個跨領域的資訊科技技術。它利用人工智慧、機器學習、統計學和資料庫的交叉應用方式，在相對較大型的資料（數據）集中找到模式的計算過程。

資料探勘的主要目標是從一個資料集中萃取資訊，並將其轉換成可理解的結構或規則，以進一步分析使用。其目的為從龐大的資料量中找尋有用且人為無法觀察得出的規則，由此規則去對未來進行準確地預測。有可能是了解消費者的行為模式、不同客群的銷售方式、明天的股價預測等等的，皆為資料探勘可做到的事情。

資料探勘除了基本的原始分析方法，資料探勘技術亦涉及到資料管理、資料預處理、建模與推論等方面的技術，以發現結構、視覺化及線上更新等侯處理。一般而言，資料探勘有兩大特性：

1. **價值性**：此方式在實務上有可用性及效益性。
2. **隱藏性**：此方式是人為無法觀察得出的。

資料分析的基礎在於處理資料庫的完整建立。一個完整的資料庫必須與企業內部的各部門進行溝通、分享與使用。藉由企業內部流程架構來進行企業者整體流程重要資訊的整合，將是企業發展資料庫行銷的重要基礎，亦能藉此發揮資料庫的功效。藉由各部

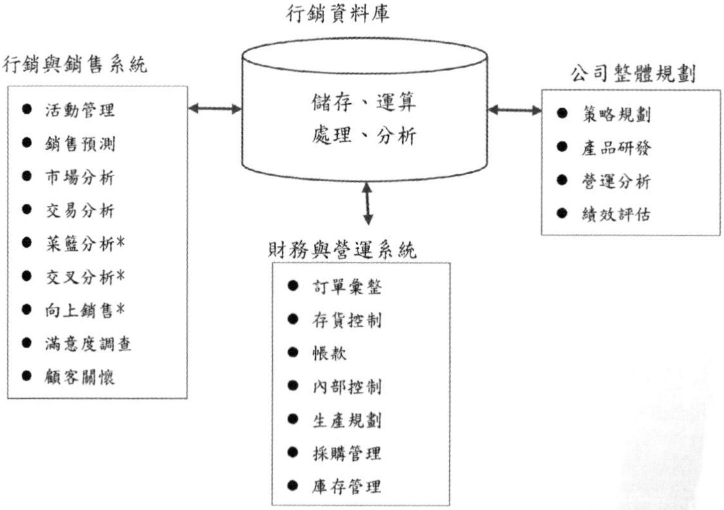

圖1、資料庫行銷執行架構

門的系統整合，再加入公司整體規劃的相關資料，藉由資料庫的運算、處理與分析，再回饋至各系統進行資訊運用與管理提升，這就是資料庫行銷的主要概念。資料庫行銷執行架構如圖1所示。

三、顧客資料分析與關係行銷的結合

通常企業主心中都會出現相當多關於顧客行為的疑問，例如顧客種類、購買通路、購買時間、人口統計變項的影響、或是商品銷售情況。而藉由CRM的分析應用，可讓管理者深入了解哪種顧客，通常會買哪些商品；各種職業、等級、收入、學歷、年齡、星座、婚姻、居住地區的顧客，通常買哪些商品；其比例為何；或是各地區、各分店、各店員、在各種促銷活動期間，哪些商品賣最好；亦或是各類別商品之中，哪些商品賣得最好。這些都是藉由企業與顧客的溝通與企業和顧客之接觸點取得的資料。

在資料分析對於行銷輔助的應用項目相當廣泛，除了4P（產品、價格、推廣與通路）的行銷組合外，亦可以針對CRM進行顧客關係的發展與維繫進行輔助。在產品或服務的輔助上，可以利用產品的歷史銷售資料分析商品趨勢與產品的銷售區域範圍，亦或是退貨情況分析。在價格制定的輔助上，可以了解價格變動所帶來的顧客反應或是顧客反應時間長短，亦可進行顧客價格區間的分析。在推廣支援上，除了可以在各種管道或活動所獲得資料便於分析外，更可追蹤各項推廣活動成效或是資料斯及管道的效果。通路行銷分析支援，將可以藉由資料分析得知各種不同特性的顧客所喜歡的管道為何，進而協助顧客進行購買。在顧客關係管理的支援上，針對發展顧客關係方面，可藉由數據的分析了解顧客的貢獻度、顧客的區域範圍、區域業績的消長與個別顧客的貢獻度。在顧客關係的維繫上，則可以各種關懷、溝通、投其所好與增加互動與銷售的管道與機會。

行銷決策分析中，常用的分析維度一般包含有：單位或部門（分公司、各事業部等）、區域（北部地區、中部地區、南部地區之分或是東部地區與西部地區之分）、產品種類（食品、飲料、日用生活用品或文具用品等）、系列（產品線或種類）、通路（經銷商、直銷、代理商）、客戶（顧客重要程度分級）、時間（日、月、季度、年等）、季節，或其他企業內部自訂的維度。同一維度可以進行各種比較或趨勢分析，不同維度可以進行關聯性分析，並依據想要分析的目的選擇不同的維度組合進行分析，得出各種不同的分析模型與關聯性。在顧客關係管理之行銷決策中常用的資料分析工具有購物籃（菜籃）分析法。常見到企業對於顧客能夠有一些預測能力，例如顧客使用信用卡購物，經過一段時間，企業就能夠預測未來顧客可能購買什麼；針對大賣場顧客的行為，企業亦能夠知道產品的搭配讓顧客更容易參與組合式促銷活動；保險業能藉由購物籃分析偵測出可能不尋常的投保組合並作預防；在醫療領域上，對病人而言，在療程的組合上能作為是否會導致併發症的判斷依據。其他亦有應用於兒童保育、交通通訊、或個人嗜好等領域。這些能力將可藉由購物籃分析法的技術進行顧客消費行為預測。

購物籃分析最主要的目的在於找出什麼樣的東西應該放在一起？商業上的應用在藉由顧客的購買行為來瞭解是什麼樣的顧客以及這些顧客為什麼買這些產品，找出相關的關聯性規則，零售店可藉由此分析改變置物架上的商品排列或是設計吸引客戶的商業套餐等等。因此，企業藉由這些規則的挖掘，將可藉由商品擺放設計提升顧客的便利性，並藉此獲得利益與建立競爭優勢。購物籃分析基本運作過程包含下列三點：(1)確認商品之品項：針對企業體而言，在眾多商品中分類各商品的銷售與獲利情形，以找出適合店內促銷組合之用。在數以百計品項中，可以依照季節、顧客屬性、地區特性或公司政策選擇出有用的品項出來，以利於資料採礦的挖掘之用；(2)關聯性規則：經由對同時發生的事件矩陣的挖掘找出商品的聯想規則；(3)確認實際上應用的可行性：將所選擇的品項進行討論，並計算其對公司所帶來的利潤與商品擺放或調整貨架所耗費的資源與人力成本，以確認該行銷的預期收益。

此外，藉由顧客資料分析所得到的結果進行顧客關係管理中常使用的行銷手法有向上銷售與交叉分析。

1. 向上銷售（Upselling）

向上銷售即是一種鼓勵顧客購買更多的行銷手法，例如提升顧客原本想購買的商品的等級，或是除了原本想購買的品項外，再追加購買相關配件或服務。常見的案例是在藥妝店或生活用品館結帳時，店員會問要不要加購櫃台後的商品，而這些商品通常都是濕紙巾、牙膏、口香糖等，屬於多買不會增加負擔的消耗品，讓顧客可以很快決定是否加購，以藉此提高客單價。除此之外，還有更多追加銷售的方法，業者可視自己的營業需求選擇合適的作法。常見的業者行銷手法有：

- **產品升級**：本來只想買初階配備等級的汽車，但因為中階配備車款的配備實施促銷特賣，於是小幅提高預算轉而購買中階配備汽車，這即是屬於原產品升級的例子。其他在日常生活的小吃攤亦會遇見，例如吃滷肉飯時加顆滷蛋或是搭配湯品與小菜，結果最後結帳發現湯品與小菜之消費金額遠高於主食的滷肉飯支出。
- **滿件滿額折扣**：本來只想買一件上衣，但發現買兩件上衣可以打折，於是湊了兩件上衣享受優惠。
- **加價購**：本來只想購買所需物品，但發現其互補品一起購買即可享受特價，例如原本只想購買鋼筆，但發現與筆芯一起購買，即可享受筆芯特價回饋。

- **滿額贈**：本來只買了所需生活用品 195 元，但發現消費滿 200 元即可以得到十元優惠咖啡一杯，於是多買了一項其他物品，最後共花了 230 元，將增加廠商的營業額。
- **滿額免運**：網路購物本來只想買一本 200 元的書，但發現要滿 299 即有免運優惠，於是多買兩本筆記本，湊滿 299 元。

2. 交叉銷售（Cross-selling）

交叉銷售是一種向客戶銷售互補性產品的行銷方式，通常透過資料庫分析進行各個顧客接觸點取得的行銷與顧客資料，以確認哪些是對企業具獲利性的目標顧客。在確認該巨高貢獻度的目標客群後，再針對該高貢獻的目標客群，進行相關的行銷設計或是商品組合設計，以提供各種產品與服務滿足其需求及興趣，並從中找出促進交叉銷售的行程或是交叉銷售的機會。換言之，交叉銷售就是說服客戶購買他們已經購買的產品外，再加購商品或服務的相關性產品與服務，例如剪頭髮搭配洗髮折購，購買洗髮精搭配相關護髮產品等行銷設計。因此，讓顧客在原定的消費採購外，同時購買其他相關的產品或服務將是企業獲利的一大利器。

近期，在電子商務盛行的社會，常看到的就是電商網站上出現的行銷手法，例如當你預計購買某商品或是瀏覽某物件時，視窗會出現「購買這個商品的人也買了⋯」；或是在你瀏覽的商品下方，也會出現相關價格或特性的替代商品，而出現「你可能也喜歡」等字眼。所以不論是在網站設計出現商數的區塊提醒外，在實體的購物環境中亦處處可以看到，例如在超市裡賣火鍋料的冷藏櫃旁邊可能會同時販賣沙茶醬或湯底、在烤肉肉品專區旁，亦會出現烤肉網、烤肉架、烤肉醬或是相關的竹籤、碗盤等物品，除了便利顧客一次購足外，亦可避免顧客漏買而去競爭者店家購買。因此，藉由資料庫分析結果，電子商務平台的電商賣家可以設定各個商品的頁面中要顯示相關的關聯性商品。以服飾業為例，在上衣類商品底下顯示適合用來搭配的褲子或裙子；在鞋子類商品底下顯示襪子商品；在飯店行銷頁面加入租車或行程規畫與預訂等商品等等。在實體店面上，除了上述所提超市商品擺設外，其他業種亦可以依據資料得知該如何進行。

要做到精準的交叉銷售，非常仰賴資料庫的資料。因此，各通路點或是網站的會員以及訂單資料，將扮演重要角色。因為要分析這些資料，才能得知顧客通常買了某項商品還會再多買什麼，依據大量資料找出簡單規則或分類，去設定該各種商品項下該有哪些相關群組，並藉此達到精準預測與商品呈現。若企業想要嘗試進行交叉分析，將可先從幾種較為簡單的關聯群組進行設定。

- **熱賣商品**：許多顧客有在購物時看看銷售排行榜的習慣，例如平常逛書店時，暢銷榜旁邊總是有許多人駐足。而且既然該商品可以熱賣，一定有其受歡迎或吸引人之處。
- **最新商品**：如同熱門商品一樣，也有許多顧客在購物時喜歡看看最新的商品有哪些，因此新商品吸引力亦不容錯過。

- **高獲利商品**：針對高獲利商品進行分析，得知其相配合之關聯性商品，並利用磁吸原理進行高獲利的位置擺放設計，將可提升店家之利潤收益。

不過任何方法都會有些例外，例如皮鞋專賣店，即使店家對於商品的交叉分析做得很好，也順利的進行到即將成交的階段，但如果店員對皮鞋保養一知半解，沒有好好推薦保養用品，客人到最後只會覺得商家或銷售員不專業，就算本身的產品有多好，或是顧客分析做得多精準，對店家的整體形象也會造成相當的扣分。所以當企業決定要做交叉銷售時，必須要同時對員工進行教育訓練，讓其對所有組合商品都能了解其商品特性與搭配的使用方法。

四、資料庫分析與 CRM 的應用

傳統常見導入顧客關係管理的四大步驟為知識挖掘、市場行銷企畫、顧客互動，以及分析與修正（劉玉萍，2000）。茲分述如下：

1. 知識發掘

顧客資料庫的建立，目的在於盡可能地反映出客戶的全貌，進而幫助決策者和市場行銷人員進行顧客確認、顧客區隔與顧客預測。

2. 市場行銷計畫

行銷人員進行顧客確認、顧客區隔與顧客預測後，即可開始進行新的市場行銷計畫設計，亦即先據此擬定出與客戶有效的溝通模式、促銷活動與有效的行銷管道。

3. 顧客互動

運用相關即時的資訊和社群網路，透過各種互動管道進行顧客回應。亦可利用顧客服務應用軟體、業務應用軟體、互動應用軟體等執行與管理和顧客及潛在顧客之間的溝通。更可利用溝通過程截取相關資料進行資料庫內容充實，以利之後分析。

4. 分析與修正

分析與顧客互動所得到的新資訊，並持續瞭解顧客的需求，然後根據該分析結果修正先前所擬之行銷策略，以尋求新的商機。

學者洪懿妍 (2012) 也引用企業顧客關係管理策略發展循環的「PEPSI」模式進行說明，讓企業進行顧客關係管理時能更從容地面對各種不同特徵或是需求迥異的顧客。企業顧客關係管理策略發展循環的「PEPSI」模式包含有五大步驟，並且這五個步驟是環環相扣的，當環節中某一個有了變化時，將會利用回饋方式回饋到其他環節來進行修正。以下將介紹五個步驟：

步驟一、企業的定位與價值主張（Position and value proposition）

企業找到自身對顧客存在的價值，以符合顧客對公司的期望。對企業來說，尋找企業的定位與價值，是吸引顧客的首要之務。舉例來說，日本平價連鎖服飾專賣店UNIQLO的企業願景為：讓每個人都可以穿上時尚、高品質的休閒服裝—適合任何時候及場合。其對於企業的定位則是屬於平價親民，其價值主張則是平價、時尚與高品質商品。因此，購買UNIQLO服飾的消費者，不會要求精緻的服飾設計或是時髦的流行領導服飾。沒有過多的期待，自然不會有抱怨與不滿意的情況產生。知名的法拉利或是藍寶堅尼跑車，其品牌定位在高性能與略帶挑釁的極端設計，同樣對於該品牌跑車購買者而言，常開快車、有表現慾與富貴階層將是其想要的價值需求。

步驟二、了解顧客的經驗（Experience of customer）

對企業來說，顧客的使用經驗透露出許多珍貴的訊息。企業中，相關業務人員所做的每個決定，都會影響顧客經驗的品質，不過卻很少有業務人員會關注到這件事。而且，關於顧客經驗的問題，各個單位成員都各有理念，公司也未必會有高階管理者進行整合以提升顧客的經驗品質。

以製造業為例，在顧客經驗方面，產品研發部門會尊重行銷部門的意見，然而這兩個部門通常都只聚焦在產品的特色、規格或是與競爭者的差異性；此外，營運部門所關切的是品質、成本；客服人員通常只關注進行中的交易或是交易後的反應，並不重視整件交易與之前及之後其他交易的關連性。例如戴爾電腦（Dell）便是從顧客使用經驗中獲得啟發，依照客製化需求將顧客所需要的軟體及介面卡，在電腦交貨時便協助安裝，以減少顧客事後安裝時所耗費的經費及人力。以賓士汽車為例，根據企業對顧客的調查發現，賓士汽車現有車主的第二輛車，多為休旅車。因此賓士便投注心力於研發休旅車，滿足消費者不同階段的需求，同時也讓企業與顧客的關係得以延續。

步驟三、選擇最適流程（Prefer process）

為了建立良好的關係，企業必須不停地與顧客互動，如果能引領顧客進入企業交易的最適管道，將可省下巨額的成本。因此企業可依照購買前、購買中與購買後進行流程設計，強化顧客關係。企業對於顧客購買前需要創造消費者的「期待」，讓顧客有足夠的動力入店進行消費，同時也能藉由體驗行銷廣告，強化顧客的體驗滿足；顧客在體驗中要給予「驚喜」，在期待的預期中給予超出預期品質的體驗感受，讓顧客在過程中隨著心流體驗，深刻感受到產品的美好，將產品與服務緊緊扣入心中；顧客消費完後要創造「回憶」，透過有價值與設計感的商品購買，結合搭配當時的情境感受，激起顧客的美好回憶，以促使再次消費。值得注意的是，企業的最適流程也必須是經過設計與模擬的，並且逐步進行動態的改善，如此顧客的最適流程才有意義，否則，將會為企業與顧客的關係帶來負面感受與傷害。

步驟四、區隔或歸類（Segmentation）

顧客區隔分析 (consumer segmentation analysis) 是依據不同客戶群間的異質需求，以及同一客戶群內的同質需求將市場劃分為不同的群體。公司不可能服務所有的顧客，因為不同的企業擁有不同的能力與資源來滿足各種不同顧客的價值需求。因此，為顧客提供量身訂做式的服務，是顧客關係管理最極致的目標。這個目標或許不容易確實達成，但依顧客不同的特性、需求及使用經驗，予以區隔、歸類，提供「最適當」的服務，卻是顧客關係管理非常基本的課題與任務。以星巴克為例：

其市場區隔是以高品質的咖啡、糕點或其他周邊商品為主，所販售的咖啡價錢或精緻度都較高，針對消費水平為區隔變數。因此，其所強調的是喝咖啡是一種品味和悠閒，他們是在賣感情和氛圍為主。是針對消費水平較高的上班族來作市場區隔，提供高品質的現煮咖啡和相關的外圍產品，例如：咖啡豆、咖啡沖泡器具、容器和各式各樣可搭配咖啡的點心等等。因為這類型客戶在意的是獨特的人文精神、個人品味與高品質的咖啡，因此，星巴克知道他們的客群在意的不是價格，而是價值。

步驟五、資訊（Information）

確認目標客群後，要知道需要得到哪方面的資料，因為這些資料會影響行銷策略的決定。企業困難的挑戰就是要利用哪些方法與管道進行顧客資料調查與蒐集。傳統的郵寄回函問卷調查，效率通常較低，許多企業會用填問卷就送贈品抽獎或者優惠方案來鼓勵回函。現在利用網路填問卷是相當受歡迎的方式，也常應用於企業間。了解顧客的使用經驗，並將他們的使用經驗加以記錄與歸類，再設計最適當的流程與顧客接觸，這些步驟都立基於充分的資訊。為了將資訊做最充分的蒐集與解讀，科技的運用是現代顧客關係管理相當重要的一環。

PEPSI模式的五個步驟環環相扣，某一個環節有了變化或重大發現，通常都必須回饋到其他環節來做修正。為了讓這個循環持續轉動，企業必須有持續投入與營運策略調整的堅持。

五、中小企業也能做顧客關係管理

顧客關係管理的觀念對於中小企業而言，有些地方推動時較為困難且需要加強，許多中小企業的管理者都比較重視短期利益，而客戶關係管理卻是一項長期工作，短期利益不明顯。此外，資訊化不足，很多公司對客戶資訊仍然採用半人工半自動化儲存，導致推動顧客關係管理系統較

為困難。中小企業往往沒有專門的資訊部門，亦是另一項困難。即使購買一套顧客關係管理系統，也可能因公司員工不會操作或不願操作而擱置，甚至會讓銷售員們覺得是額外負擔。對於中小企業的客戶關係管理中最重要的一點就是要對客戶的資訊進行分析，只有各種資料的儲存而不分析是不能帶來新價值的。而中小企業往往更關注新客戶的開發，造成較高的獲得成本，而忽略了對既有客戶的資訊挖掘與關係維繫。

中小企業規模與財力不若大企業般，若要購買一套完整的顧客關係管理系統將是一大壓力。對於資源有限的中小企業，不妨先進行部份、短期的顧客關係管理測試，而非全面性的導入。中小企業的特點可能僅有部門級應用，如銷售部門，運營部門，也可能全公司使用，且企業本身僅具備網管的基礎技術與維護能力。中小企業一開始主要的使用目的是希望將客戶資料集中，記錄客戶資料與客戶的相關數據，如客戶追蹤記錄、交易資訊或服務資訊等。並將這些蒐集獲得的資訊能夠部門之間工作流協同、數據共享，亦或是基礎的客戶分析，以輔助決策。對於有心投入顧客關係管理的中小企業而言，資訊科技人才養成與資訊系統幾乎是必要的基礎建設，完成基本能力後，再尋找適合自己企業的解決方案將可順利達成。因此，強化員工的基本資訊能力與顧客關係管理觀念，利用電腦分析後的資訊，在適當的時間與管道，針對適當的客戶提供適當的產品並做出適當地回應，才可使企業提升經營績效。

六、零售業顧客關係管理實例應用說明

綜合前述的顧客關係管理技術，顧客關係管理系統主要分為「前端顧客關係管理技術」及「後端顧客關係管理技術」，如圖2所示。顧客關係管理的前端技術，包括電話客服中心（Call Center）、企業網站、物聯網和銷售時點系統（POS系統）等，主要是利用與顧客接觸的當下，蒐集顧客交易和相關資訊。而後端技術，則包括資訊儲存、資訊分析以及資訊應用三個階段。資訊儲存階段，透過資料庫、知識庫、或是資料倉儲（Data Warehouse）的建置，將所蒐集的資料儲存下來。資訊分析階段，則在透過資料探勘（Data Mining）技術，分析出顧客的行為模式。最後，在資訊應用階段，將所分析出的模式，透過線上分析處理、決策支援系統、或是高階主管資訊系統，呈現給主管，進行協助主管做好決策。

零售業的顧客關係管理成功案例中，個案公司隨著品牌知名度快速累積，企業迅速擴張，卻沒有對應的數據技術支援，導致行銷成本高居不下，難以評估效益。因此，零售業某服裝品牌在需要更詳細的數據分析以了解消費者的需求下，開始建立數據應用平台進行數據清洗、深度挖掘客戶資訊，以便進行分眾行銷。最後完成客戶有效分級計算，有效優化行銷資源配置，並進行AI分析受眾喜歡內容，達成個性化行銷，提升消費者購物意向。另速食龍頭公司身為一個擁有大量行銷活動的全球品牌，必須有針對性地進行自己的行銷活動，這樣才能以最快的速度挖掘潛在客

戶，並提升顧客回購率。為了實現這一目標，該公司開發了自己的應用程式，為不同地區的顧客進行精心設計服務。例如利用應用程式的下載，記錄顧客的購買頻率和常選購商品，並根據這些數據的分析結果直接將個性化的優惠和獎勵推送到顧客的手機上，並結合應用程式完成的所有交易與餐廳的銷售點系統相匹配，以獲取巨量資料進行分析。

七、小結

因此，對於企業主而言，如何

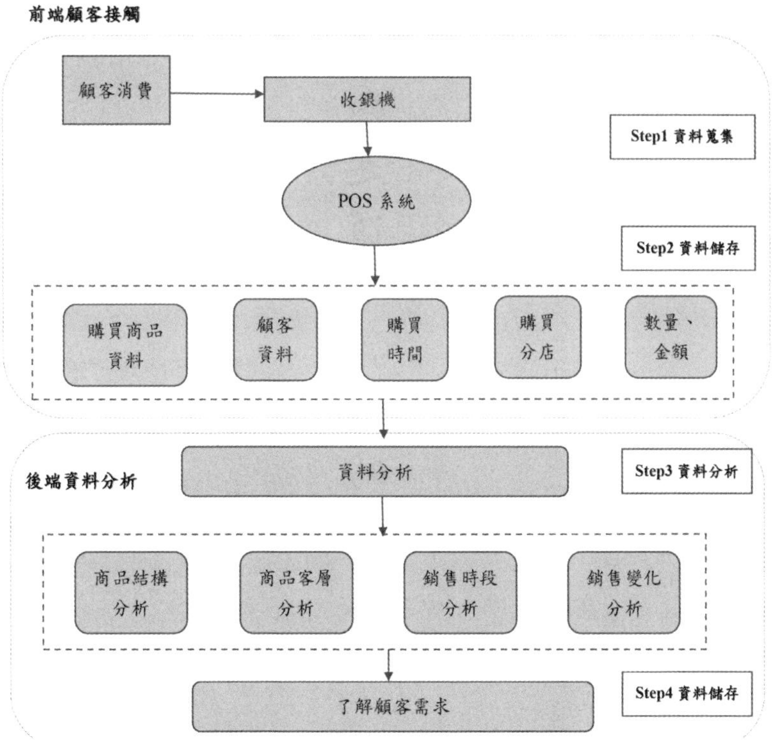

圖 2、顧客資料分析流程

藉由企業員工日常與顧客之接觸點與顧客建立關係，並進而取得相關資料以進行分析，將是一項重要的任務。藉由五常德中「義」的宣導，企業對於顧客的溝通與資料的取得，都將基於顧客對企業之信任，因為員工之企業忠誠態度，將會流露於其與顧客之溝通過程中顧客之感知。因此，於日常教育訓練或是同仁分享的時刻，將可融入溝通、忠誠、信義與互動四大面向之內容，以知識為先，以達到內化之目標。

肆、顧客關係管理的實踐之道——員工的角度

一、內部行銷與溝通

學者 Thomas (1978) 提出服務行銷的三角架構，如圖3所示。主要是以企業、員工與顧客為基礎上提出來的金三角概念，以進行行銷策略制定之依據。它是一個以顧客為中心的服務品質管理模式，包含服務策略、服務組織與服務人員三個主要因素，此三要素將形成了服務企業走向成功的基本管理要素。而內部行銷則是一項重要的環節。

1. 內部行銷

Berry(1981)將內部行銷定義為：「視員工為內部顧客，視工作為內部產品，在符合公司目標之前提下，來滿足內部顧客的需要與需求」。且員工為公司服務價值鏈的重要成員之一，在創造價值鏈時會涉及到內部員工與顧客的關係，也就是強調內部行銷是在組織成員間創造出一種能支持顧客導向及服務意識行為的一種公司內部環境 (Gummesson，2000)。能使員工透過激勵的方式及具服務導向的意識來傳遞給顧客，讓顧客感到滿足，並可以有效地替公司執行特定或功能性策略，達成公司的目標。

所以內部行銷是指在組織創造出一種讓員工能支持顧客導向及服務意識產生的組織內部環境(Johnson and Seymour，1985)。認為內部行銷為服務業用來讓員工清楚組織使命及目標所付出的努

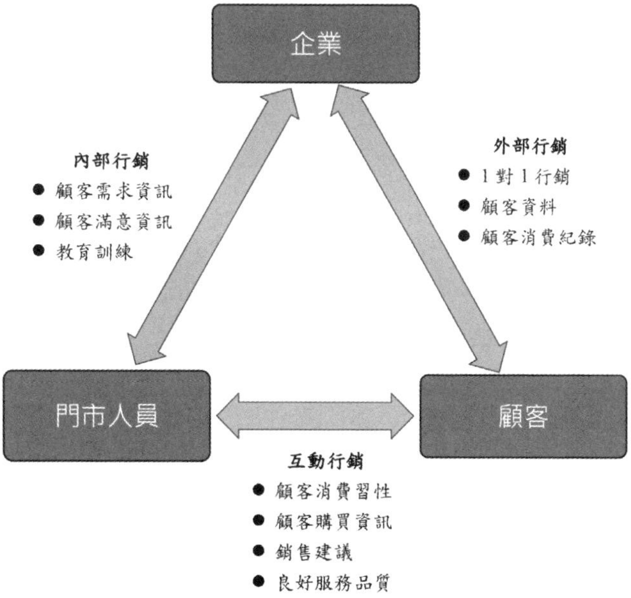

圖3、服務行銷金三角

力，並透過訓練、激勵及評價以達成組織所期望的目標。且內部行銷事實上是著重於員工發展的多重計劃，而一個完整的內部行銷方案應包括員工召募、訓練、激勵、溝通及留任等活動，屬於策略性管理 (Berry and Parasuraman，1991)。是指將員工看待成顧客，來滿足員工需求的發展的一種策略，並用來建立員工忠誠的忠誠度。因此，企業推行內部行銷有以下的優點：1.組織能獲得及留住好的員工；2.組織提供共同願景，使員工在工作時有其目的與意義；3.使員工具備將工作做好的能力及知識；4.使員工享受團隊合作的成果；5.依據行銷研究的結果從事工作設計 (Tansuhaj et al.，1988)。

因此，擴大解釋內部行銷定義：「組織於公司內部採取近似行銷的方法及實施近似行銷的活動，以激勵及影響員工，使其具備顧客意識、市場導向及銷售思維。」並認為內部行銷是將員工視為內部顧客，員工之工作視為產品，組織藉由吸引、發展、激勵、留任員工，以提供符合員工需求及欲求之工作產品 (Berry and Parasuraman，1991)。而最主要的目的是為了「培養員工具有顧客導向及服務意識」，以及重視「滿足員工需求」(Grönroos，1990)。

2. 互動行銷

企業的目的就是盡可能提供符合消費者需求的產品，欲達到此目的，企業只有與消費者進行

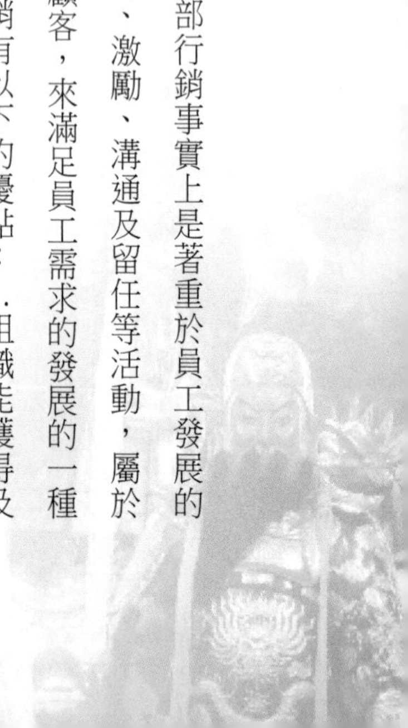

充分的溝通和理解，才會有真正在正確的通路行銷正確的商品給正確的顧客。互動行銷是指第一線的服務人員，能夠站在顧客的觀點出發，將公司的服務提供給顧客的互動行為。互動行銷的目標是企業在行銷過程中充分利用消費者的意見和建議，用於產品的規劃和設計，為企業的市場運作進行發展並滿足顧客所需與提供顧客更好的服務，亦即服務人員與顧客產生良好、友善、高品質的互動將是真正優良的服務。所謂的互動，就是雙方互相的動起來。在互動行銷中。互動的雙方一方是消費者，一方是企業。只有抓住共同利益點，找到巧妙的溝通時機和方法才能將雙方緊密的結合起來。互動行銷尤其強調，雙方都採取一種共同的行為。

互動行銷的實質就是充分考慮消費者的實際需求，切實實現商品的實用性。互動行銷能夠促進相互學習、相互啟發、彼此改進，尤其是通過「換位思考」會帶來全新的觀察問題的視角。相較於傳統內容行銷專注在商品推廣與行銷文案設計或部落格的書寫經營等較被動的方式有所不同。互動行銷就是透過特別的設計，不同於過往只是單方面傳遞訊息，而是讓雙方產生互動，雙向溝通。簡而言之，對於企業方就是讓顧客主動投入在企業規劃好的行銷內容之中，這些互動內容能夠以相對容易吸收和理解的方式，提供和一般文章同等、甚至更多的資訊，而受眾也能獲取更即時、與自己更高相關的結果。

3. 外部行銷

外部行銷指的是運用媒體、廣告或活動等方式進行的行銷行為。在服務業行銷中，外部行銷通常是透過大眾傳播媒體，嘗試著將無形服務有形化，而給予消費大眾一些期望與承諾。此外，服務業近年來亦利用體驗行銷方式，將商品有形化並結合消費者的五感，讓消費者經由觀察或參與某件事後，感受到刺激而引發動機，產生消費行為或思考的認同，增強產品價值。藉由外部行銷，企業可以讓顧客了解目前市場上顧客所追尋的產品功能或是利用行銷管道給予顧客適當的產品保證。並透過與顧客接觸互動的過程，持續維持承諾的實現。

外部行銷的定義為企業將其服務承諾傳達給顧客的過程。外部行銷亦是指各種企業行銷行為，例如進行各種行銷研究、市場分析、發掘市場上消費者未被滿足的需求、市場區隔、確定目標市場、決定各項產品決策、通路決策、促銷決策等。外部行銷和傳統的行銷概念所強調的 4Ps (Product，產品；Price，價格；Place，地點；Promotion，推廣）或 7Ps (4Ps 加上 People/Participants，參與人員；Process，過程；Physical Evidence，有型的裝潢或展示）類似，皆是透過 4Ps（或 7Ps) 的組合策略傳遞組織對顧客的商品並呈現企業對顧客的承諾。所以，外部行銷是公司與顧客的溝通，任何與顧客在消費之前溝通的事或人，都可被視為外部行銷的一部份。

二、人際關係與溝通的連結

成功的企業架構於優秀的員工基礎之上，優秀的員工則有賴於員工之間的連結所形成的團隊性。然而好的團隊必須要有堅強的連結，而連結的基礎與連結的關係品質的重點則是溝通。企業在經營管理和日常事務中，由於人與人之間、部門與部門之間缺乏溝通和交流，常常會遇到一些磨擦、矛盾與衝突。這將影響到公司的氣氛工作的士氣、組織的效率，使企業難以凝聚，人為內耗成本增大，甚至導致企業倒閉。因此，內部溝通對於企業的經營而言相當重要，但卻是大家易於忽略的一環。

人是企業最珍貴的資產，也是最不穩定的資源，因為人是有感情的，有想法的，所以每個人的行為都受到觀念和情感的支配。因此在企業營運時，內部溝通將是日益重要的一環且具有特別的意義，它有利於企業文化氛圍的形成，有利於部門之間的協作配合；有利於員工共識的實現；有利於滿足員工的心理需要與實現自主管理；有利於建立溝通、學習、互動的學習型組織文化。好的溝通技巧，可以創造雙贏的局面，相反的，若無法做到良好的職場溝通，將會造成員工之間的溝通不良，造成彼此的不諒解或者是不清楚對方的意圖為何，而造成溝通失敗所造成的成本，包含績效降低、企業工作環境氛圍低落等現象，而需要企業另行支付成本進行化解。

因此，有效的溝通技巧，藉由良好的溝通，創造企業價值，絕對是企業所必須要進行的重點。同理，完成內部溝通之外，如何進行與顧客建立外部溝通的關係，亦是對企業另一項的挑戰。顧客關係管理為企業帶來成功與獲利，對員工而言，一家穩定獲利的企業更是員工生活安全的保障。因此，企業上下一心提供給顧客更好的服務，將是企業與員工的共同任務與目標。在銷售過程中，與客戶建立良好的關係是發展新的銷售機會與維持舊的銷售業務的關鍵。就員工的角度而言，與顧客進行溝通相當重要，但企業執行顧客關係管理，同事間之溝通與互動亦是不可或缺。

三、內、外部溝通的技巧與方法

在生活中，我們不論是在家裡、學校或社會，任何地方，只要有和別人說話，就會開始產生溝通。因此，當你求學時擔任班上的幹部時，如何管理班上同學，那麼溝通技巧就很重要了，畢竟，同學之間沒有利害瓜葛，也沒有位階高低，幹部也沒有嚴刑峻罰可以使用，此時就有賴於溝通的手腕及談吐了。等出社會後到了職場開始工作，又是另一階段的溝通技巧。如果是主管層級，面臨了上跟下的溝通部分，如果是業務型的，如何與客戶互動及溝通，而同儕之間的溝通更是工作中的一大挑戰，也是需要學習跟琢磨的。不是每個人一開始就會溝通的，而是藉由學習、經驗，進而達到察言觀色，知道如何掌握對方的狀態，才能達到成功溝通的目標。

領導管理 (2020) 曾提出，達成有效溝通須具備兩個必要條件，分別為：1. 訊息發送者清晰地表達訊息的內涵，以便訊息接收者能確切理解；2. 訊息發送者重視訊息接收者的反應，並根據其反應及時修正訊息的傳遞，免除不必要的誤解。尤其是管理者與被管理者之間的溝通，訊息傳遞的有效程度決定了溝通的成敗與否，而訊息的有效性主要取決於訊息的透明程度與訊息的反饋程度。好的訊息傳遞是要確保訊息接收者能理解訊息的內涵，若僅是訊息的公開並不意味著達成了訊息的傳遞。亦即如果是一種模棱兩可的或是含糊不清的文字語言，則傳遞將處於一種不清晰的狀態，此所呈現的現象將是難以使人理解的訊息內容傳遞，對於訊息接收者而言沒有任何溝通的意義。此外，有效的溝通是一種動態的雙向行為，而雙向的溝通對訊息發送者來說應得到充分的反饋，只有溝通的主、客體雙方都充分表達了對某一問題的看法，才真正具備有效溝通的意義。

首先就顧客面的溝通進行說明。想讓顧客受到更特別的服務或是讓顧客變成忠實顧客，員工將需要重視與顧客的溝通與互動。以下彙整常見的幾種實用的溝通與互動技巧作法可供參考：

1. 表達出你的看法

大多數人會因為害羞而不善於表達自己的想法，因而造成大多數的人們常常在談話中傾向於保留自己的想法。但有效溝通的最主要目的就是能在特定的環境中表達出自己的想法。

2. 善於傾聽對方

大多數溝通專家都認為理想的溝通，就是聽者要少講話，多傾聽，因為傾訴能緩解人際關係的煩惱，且有時候傾聽就能獲得對方的好感。因此，傾聽不僅能豐富你的交際經驗，還能讓你在其他人身上獲得更多的共鳴。最後將對方的想法，內化成自己的，轉換思維，進而提升自我。

3. 保持彼此的眼神交流

大部分的談話者都認為吸引聽眾的完美方式就是與其保持眼神的交流。在談話時看著對方的眼睛，往往對方會將自己的注意力放在交談中。如果你想提高你的溝通技巧，吸引住你的聽眾的注意力，那麼請記得說話時，直視他的眼睛，因為眼神的交流能使談話者的注意力無形之中集中起來。

4. 笑臉迎人

微笑這個動作，會讓你更開心，當我們微笑的時候，大腦會向我們傳遞幸福的信息，使我們的身體放鬆下來。而同時當我們向別人微笑時，對方也會感覺到同樣的放鬆與舒服，因此不自覺地回以微笑。在這個良性循環下，確實會使我們更快樂。

5. 主動的讚美

學會真誠而主動的讚美，如果發現別人的優點，就馬上讚美他，表達正面而積極的觀點時，你也敞開了心扉，和對方的溝通將會有進一步加深。

6. 講話有邏輯

與他人溝通的時候，按照一定的邏輯順序來表達，不僅可以將你所要說明的資訊明確地傳達給對方，而且能夠讓對方印象深刻。

7. 使用正面詞彙

努力讓對方充滿著正能量，進而達成自己想要的目標。身邊很多人在跟朋友交流的時候，都會用一些負面的詞語與對方進行溝通。此時我們都將試著回想到當身邊的人跟我溝通的時候都用一些負面的詞語會怎麼樣。當我回想到那些情節，我覺得心裡很不好受，突然間感覺世界充滿著負能量。因此，多鼓勵，多使用正面詞彙讓溝通成為一個正能量的提升。

8. 保持好的態度

真正能夠讓人記住的，是我們長期以來做事的態度。在商場上這稱之為「信譽」或「專業素養」，在生活上則稱之為「人格特質」。具有良好的態度並讓對方感受到真誠，將可使溝通獲得成功。

9. 換位思考

作家羅曼・柯茲納里奇（Roman Krznaric）指出，同理心，是改變社會與他人最強大、最有用的力量。放下原本的認知，先去聆聽與了解對方；過程中，試著放下想要反駁的主觀情緒，一次又一次地嘗試與反省，就能了解以別人為中心的換位思考能力。

10. 記住對方的喜愛

每位顧客或朋友都會或多或少有自己的一些偏好或習慣，這些可以從客人的一言一行中得到體驗或證明。身為一位好的上司或業務員，在顧客服務中就要善於捕捉並關注顧客的細節，紀錄顧客偏好，提供所需資訊。

11. 聯繫與互動

典型企業一年大概會流失20%~40%的顧客，原因在於不常與既有顧客互動聯繫，一旦有競爭者出現便容易流失顧客。因此，可以利用定期與顧客聯繫與給予關懷，或邀請顧客參與私人或公司活動聚會。

12. 互惠

在人類互動的行為當中，人們常會認為當有人對你做了某件對你有利的事情時，你會有種虧欠對方的感覺，下意識地會覺得自己有責任要回報對方，所以也想要為對方做點事，例如善意的回應、合作的意願、或是提供一些實質的回饋給對方。因此，保持互惠心理，經常提供顧客他們的生活或業務有關的信息與提供客製化之新商品情報，將是不可或缺的行為。

13. 主動與熱情

參與活動或對待別人所表現出來的積極，主動與友好的情感或態度，在溝通過程中相當重要。熱情是人的價值觀與態度的表現，而主動是不需藉由外力推動而行動，這兩者都能夠造成溝通有利的局面。

14. 解決問題

銷售是指如何協助顧客解決問題。銷售人員的工作是幫助顧客解決問題，讓顧客的企業業務提升或是個人的需求獲得滿足。藉由溝通讓顧客認知你是一個可信賴的顧問，把所有的精力都放在顧客的身上，盡心盡力地處理好客戶在使用產品中遇到的問題。

四、五常德中「義」的實踐

上述的方式都是很好的顧客關係經營方法，但值得注意的是，獲得新客戶固然很重要，但是使現有客戶滿意更為重要。要做到如此好的服務，除了強化對員工之教育訓練外，建立顧客資料系統，紀錄每次顧客的消費資訊與個人資料，才能以精準的顧客洞察力，量身打造顧客所需的服務，將是企業員工重要之任務。除了讓顧客受到更特別的服務外，經理人月刊亦提出5種建立客戶關係的好辦法，以降低客戶流失。包含了：1. 適當地建立你的客戶服務模型，提供更多的客戶服務，增加客戶忠誠度；2.確保你的價格與客戶服務生命週期匹配；3. 找出讓顧客黏著的產品與原因，降低客戶流失的風險；4. 留住忠誠度高的客戶，分析其忠誠的理由；5. 隨著時間的推移提高顧客價值感受（經理人月刊，2013）。

在工作上，不論是要表達自己的意見、觀念，或是向人請教、與人討論，都需要透過溝通來完成，而有效的溝通不但可拉近組織成員關係，更可協助組織成員建立對組織的承諾，願意對組織奉獻心力 (Rollinson，2002)。Scott & Mitchell (1976) 認為溝通有四項基本功能，包含引發感情、激勵士氣、資訊傳遞及任務控制。此外，在組織傳播研究中，「溝通滿足」和「工作滿足」存在密不可分的關係。溝通滿足是指溝通過程得以達成正向溝通的期望值，並且和交談雙方未來關係的發展上呈正向相關。溝通滿足和工作滿足之間確實存在顯著的正向關係，組織溝通可以預測工作滿足，而組織中組織溝通流暢，將會讓組織擁有較佳的組織氣候（黃瓊德，2016）。因此，對於就內部顧客觀點，員工亦需要顧客關係管理的概念來進行同事間之關係培養。亦即職場上除了工作表現外，和同事之間的關係與溝通亦是極為重要的。想和同事建立良好關係，先要了解重要溝通技巧，而五常德中「義」所包含的溝通、忠誠、信義與互動四大面向，剛好可以協助提升與同事間之關係。

1. 溝通：換位思考體恤同仁

同理心是一種能察覺對方真實感受，再反饋給對方的一種能力。人與人相處總是希望別人能夠懂你，了解你，除了在顧客服務過程中需要換位思考提供切中的服務外，同事之間的相處亦需要彼此的體恤。而如何懂對方的心，自我察覺、觀察他人與溝通都是同理心的基礎。當我們與同事對話過程中，知道對方正為某事煩惱時，藉由同理心，不僅反應對方的心情和說話的內容，同時也鼓勵對方繼續說下去。雖然你的回應不一定能讓事情好轉，但是若你跟同事建立了連結，就會讓事情變得不一樣。這樣就會令對方感受到你對他的關心、尊重，繼而你跟他的關係會更提升，彼此會多一份了解和信任。

2. 忠誠：尊重不同位階的同仁

在職場中快樂工作，除了勝任工作內容外，和各位階同仁都相處融洽，更是快樂工作的泉源。而對人忠誠、尊重更是歡樂與融洽的基礎。在工作中，當你尊重別人，對別人忠誠，自然會得到善意的回應，亦即對方才會尊重你、對你忠誠。忠誠是一種修練，當你由忠誠而散發出對人的尊重，其他人都能看到。

3. 信義：信守諾言誠實無欺

人與人相處誠實無欺，對於所作出的承諾能努力達成，都是在職場上為自身的品牌價值加分，更能塑造優良之組織文化。而在這種正向情緒的帶動下，就會令同仁在溝通與觀點討論時更能冷靜清楚對方的觀點，聽進對方意見，甚至會議中較少出現嚴厲批評別人意見的情況出現。

4. 互動：學會聆聽

職場溝通互動中，聆聽也是相當重要的一項作為。很多人十分樂意分享自己的故事，但換另一方說話時，這些人卻明顯失去了興致只敷衍的點頭，不再專注於談話中。而成功者，他們有個共通點，都是非常棒的聽眾。畢竟，在職場上，每個人對待工作都有不同的處理方法，若要與其

他人共同完成工作時，你一定要善於傾聽他人意見和建議。因此，若不懂得聆聽，將會錯過許多學習的機會與表現自己謙和的修養。

伍、結語

身為高階主管所面對的如何創造績效、如何管理團隊與如何建構良好的顧客關係管理的經營壓力；亦或是一般基層員工所面臨的工作表現與人際關係的壓力，都希望能夠有方法可以依循、依靠與解決。正向圓融的依循方法及正向肯定的依靠信念，將帶給我們有所依歸與指導方針。因此，以五常德—仁、義、禮、智、信為信念發展，從聖凡雙修中尋找自我生命意義的昇華為目標。

於本文中，將顧客關係歸屬於五常德中的「義」，進而發展出溝通、忠誠、信義與互動四大面向，並以此四大面向為基礎進行顧客與人際關係之提升。從思想、習慣和生活方式中，徹底領悟五常德的真正意義，學習正面的能量，從「利人利己」做起，成為一種正確的生活態度。因此，以企業角度，顧客是企業成功與獲利來源之重要關鍵，企業藉由五常德為基礎，將其融入顧客關係的建立以獲得利潤，讓員工能在安穩的環境下工作。同樣的觀念，對員工而言，當員工在一家穩定獲利的企業內工作，獲得了生活安全的保障，並與同儕或是長官、部屬間良好溝通。如此，企業將能達到充滿著幸福與和諧的目標。

陸、參考文獻

1. Berry，L. L.，Parasuraman，A.，1991. Marketing Service competing through quality，New York：The Free Press.
2. Brown，S. A.，2000. A case study on CRM and mass customization，in Brown，S.A. (Ed.)，Customer Relationship Management：A Strategic Imperative in the World of E-business，Wiley，Toronto，pp. 41 - 53.
3. Davids，M.，1999. How to Avoid the 10 Biggest Mistake in CRM，Journal of Business Strategy，11，pp. 22 - 26.
4. ECFIT，2000. https://www.ecfit-saas.com/2020/12/21/nes-2/.

5. Feinberg，R.，Kadam，R.，Hokama，L.，Kim，I. 2002. The state of electronic customer relationship management in retailing. International Journal of Retail & Distribution Management，30(10)，pp. 470-481.

6. Gummesson，E.，2000. Internal Marketing in the light of relationship marketing and network organizations，in Varey，R.J. and Lewis，B.R.，Internal marketing：Directions for Management，pp. 27-42.

7. Grönroos，C.，1990. Relationship Apporoach to Mardeting in Service Contexts：The Marketing and Organizational Behavior Interface. Journal of Business Research，20，pp.3-11.

8. Johnson，E. M.，and Seymour，D. T.，1985. The impact of cross selling on the selling on the service encounter in retail banking. In A. C. John and E. S. Carol (Eds.)，The service encounter，Lexington，MA：D.C. Heath.

9. Kalakota，R. andRobinson，M.，2001. E-Business 2.0：Roadmap for Success，2nd ed.，Boston，MA：Addison-Wesley

10. Kandell，J.，2000. CRM，ERM，one-to-one Decoding Relationship Management Theory and

technology， Trusts & Estates， 139， 4， pp.49-53.

11. Kerin， R.A.， S.W. Hartley and W. Rudelius， 2004. Marketing：The Core， 4th ed.， New York：McGraw-Hill.

12. Kotler， P.， 1999. Kotler on Marketing：How to Create， Win， and Dominate Markets， 1st ed.， New York：Free Press.

13. Parvatiyar， A. and Sheth， J.， 2004. Conceptual framework of customer relationship management」， in Sheth， J.N.， Parvatiyar， A. and Shainesh， G. (Eds)， Customer Relationship Management：Emerging Concepts， Tools and Applications， 5th ed.， Tata McGraw-Hill Publishing， New Delhi.

14. Peppers， D.， Rogers， M.， Dorf， B.， 1999. Is Your Company Ready for One-to-One Marketing? Harvard Business Review， Jan./Feb.， pp.151-160.

15. Rollinson， D.， 2002. Organizational behavior and analysis (2nd ed.). New Jersey：Prentice-Hall.

16. Şahin， A.， Kitapç ， H. ahin， A.， Ci erim E.， K v lc m Bayhan， K. 2016. Perceived Relationship Investment and Relationship Quality：The Mediating Role of Commitment Velocity. Procedia - Social and Behavioral Sciences， 235， pp.288-295.

17. Scott，W. G.，Mitchell，T. R.，1976. Organizational theory：A structural and behavioral Analysis (3rd ed.). Homewood Ill，Richard D.，Irwin，Inc.

18. Scott， S. B.， Rhoades， G. K.， & Markman， H. J. (2019). Observed communication and relationship quality in female same-gender couples. Couple and Family Psychology ：Research and Practice， 8(3)， pp.137-151.

19. Swift，R. S.，2001. Accelerating Customer Relationship：Using CRM and Relationship Technology，New Jersey：Prentice Hall.

20. Tansuhaj， P. Randall， D. McCullough， J. 1988. A Model Of Service Marketing Management：Integrating Internal and External Marketing Functions， The Journal of Service Marketing， 2（1），pp.33-38.

21. Thomas， E. J. 1978. Research and service in single case experimentation：conflicts and choices. Social Work Research and Abstracts， 14（4）， 20 - 31 .

22. 陳美純，2019，顧客關係管理，碁峯資訊股份有限公司。

23. 洪懿妍 (2012) 天下雜誌 224 期，2012- 06 - ＋。

24. 劉玉萍，2000。電子化企業：經理人報告，11期，頁7－10。

25. 經理人月刊，2013/09/16，https://www.managertoday.com.tw/articles/view/ 34363.

26. 黃瓊德，2016。老闆、同事、下屬別再已讀我！回覆延遲對組織溝通與工作滿足影響之研究，資訊社會研究，31期，頁33－65。

27. 領導管理， 2020，https://glshop.tw/ %E9%A0%98%E5%B0%8E%E7%AE%A1%E7%90%86/%E6%BA%9D%E9%80%9A%E6%8A%80%E5%B7%A7/

仁
身體健康
義
人際關係
古門真宗
信
精進修行
智
事業經營
禮
家庭經營

第三章

「禮」——創新研發與企業經營

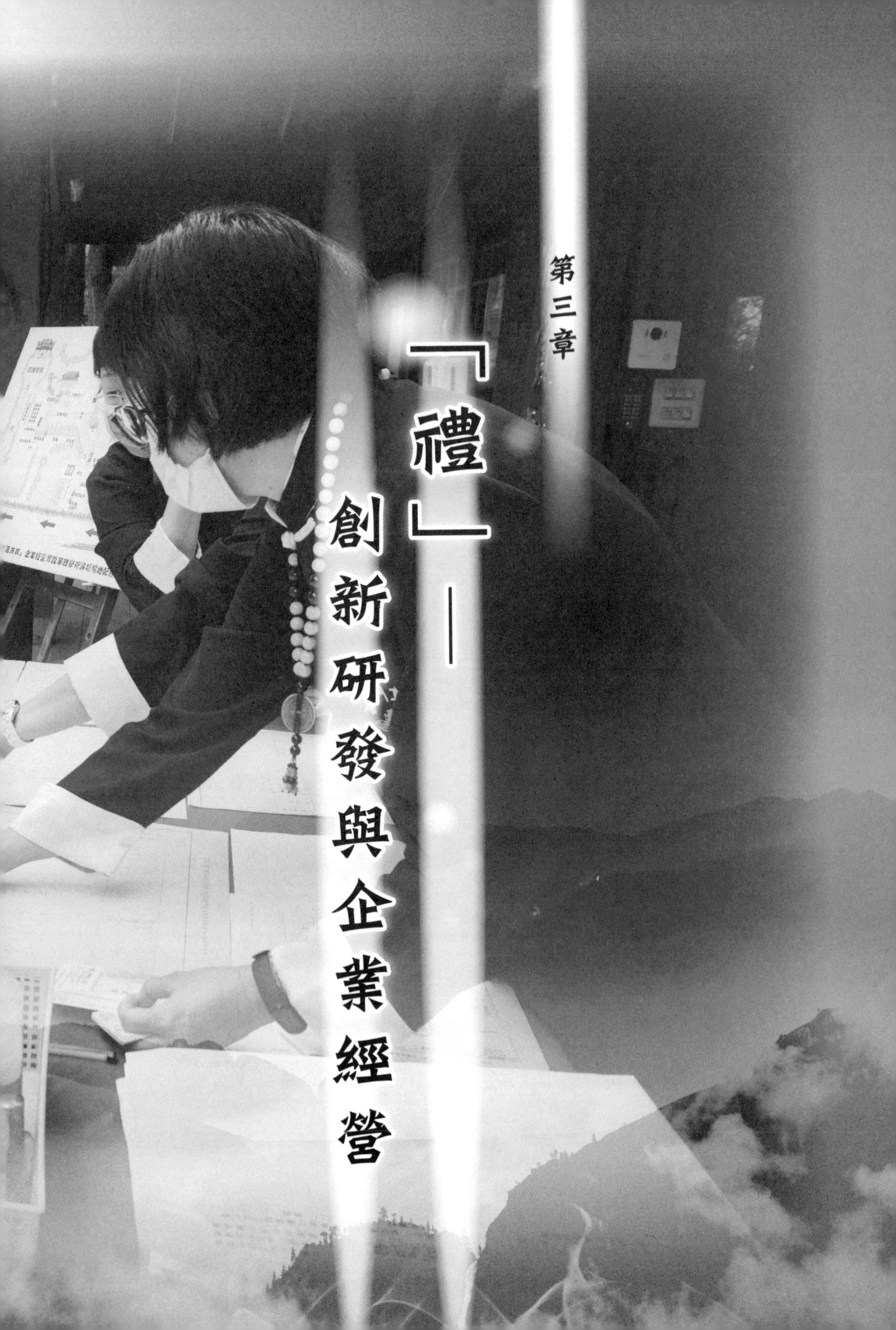

創新研發與企業經營

—人工智慧結合物聯網技術（AIoT）相關應用現況

宋文財
國立勤益科技大學電機工程系教授

壹、前言—研究緣起

熱門的智慧物聯網 (AIoT) 一詞是物聯網 (IoT) 與人工智慧 (AI) 的結合，運用 AIoT 導入生活與商業場域，大大減少人力成本支出，而背後所累積的數據才是價值所在。數據分析有助於市場的決策依據，但導入 AIoT 不是件容易的事，而一般企業能提供人臉辨識與數據分析系統的解決方案，快速引導企業輕鬆智慧轉型。

近年來，人工智慧（AI）與 IoT 彼此間更為緊密，兩者融合而出現的新應用型態「AIoT（人工智慧物聯網）」在產業間的應用非常廣泛多元。人工智慧獨立而論，這項強大、具顛覆性的技術又稱為機器智慧，是透過人類研製設計的電腦程式，以運算展現出類似人類智慧的科技，學者

定義為：「正確理解外部數據並從中學習，透過靈活調整以達成特定目標和任務的系統能力。」自從 AlphaGo 再三打敗世界棋王，自動駕駛技術不斷更新，機器學習使人們生活環境從「自動化」進階為「智慧化」，人工智慧廣泛在不同勞動模式、建設與生活場景中運作，對人類社會的衝擊不斷在今日上演。

在全球網路的產品大量問世後，與以往家電的運作模式不同，在本來的特定功能之外，他們還具備了遠端遙控、內部構造的偵錯識別、甚至與其他裝置互相串聯的功能，這些 AIoT 家電比以往還要貼近人性，因而普遍被定義為「智慧家電」。由於人們日益習慣 AIoT 裝置帶來的各種便利和個人化服務，以智慧型手機為例，人手一機急速產生大量數據，不只一般生活情境，同樣的狀況發生在物流、工業、農業、交通、教育與醫療等等的不同場景。這些普及於人類社會的「初代智慧家電」都屬於 AIoT 設備裝置，其回傳的數據資料與成長中的使用者等比上升，來自各地的海量數據成為數位時代最有價值的產物之一。如何管理與分析大數據，並從中洞見趨勢、利用數據服務，是當前產業所關注的，人工智慧技術恰恰成為 AIoT 的解決方案。

物聯網技術不斷發展並與人工智慧、5G 網路技術等科技相結合，建立智慧物聯網 (AIoT) 的應用環境成為可實踐的目標，因此許多突破性的創新應用因應而生。隨著連網技術趨向成熟與普及，物聯網設備連接數逐年攀升；根據麥肯錫全球研究院發布的分析報告預測，2025 年，智慧物聯網將在九大領域中每年產出總共 3.9 至 11.1 兆美金的價值；由此可知，智慧物聯網市場的潛能巨大，將成為經濟發展中重要的產業。在工業領域，企業為提升競爭力，傳統製造業建造智慧工廠，提升效能及產品品質；零售業應用智慧零售技術，以自動化方式管理貨架與庫存，並洞悉消費者心理，獲得更精確的商業決策判斷；智慧物流為物流業、交通運輸管理及零售商的供應鏈管理等帶來加值效果，也為零售商推展智慧零售帶來影響力。政府部門引入智慧物聯網，致力於推展智慧城市，為市政管理及人民的生活品質帶來效率與便利。農業領域的技術與管理，透過智慧物聯網，能運用更精準的資源與能量進行生產照料，優化農業工作的整體流程。在消費者市場中，智慧家居及智慧健康照護的應用，增強居家安全性與生活便利性。

從人工智慧的角度思考，該技術的強大是根基於數據資料探勘後的演算，由於聯網裝置的普及，累積了足夠的資料數量，讓人工智慧演算法應用於數據分析更加可行，也使得人工智慧從一開始的輔助、增強功能，到深度學習後的自主性。為了讓演算法驅動，搭載人工智慧的裝置如何與龐大數據庫無縫相連至關重要。因此，優化 AIoT 所構成的萬物互連網絡環境，是讓人工智慧可以絕佳發揮的關鍵要因。因為人工智慧技術能使機器從外部數據資料中學習，做出預測性分析，或是分析後協助決策，所以，AIoT 傳達數據的即時性，對於人工智慧自主適應學習系統的演算相當重要。簡單來說，我們可以將人工智慧比喻為 AIoT 的中樞神經，IoT 就是周圍的神經系統。

過去十年，人工智慧的技術有突飛猛進的發展，尤其在視覺辨識和語言辨識的發展可說是相當成熟了。拿起我們的手機，可以輕而易舉辨識我們的臉來解鎖，也可以透過翻譯的 App 讓我們講完一段中文之後就直接翻譯成英文並且還有兩種語言的逐字稿，甚至記者會上都已經有機器生成的即時字幕。我們用智慧電燈來舉例說明，智慧電燈該裝上哪些感應器才會夠聰明呢？首先，至少要有視覺感應器，用來判斷環境的亮度與色溫，例如陰天色溫比較高，那智慧電燈應該要調為暖色以維持環境氣氛，還要記得早上開亮讓人起床、睡前漸漸變暗讓人入睡。此外也要有聲音感應器，除了接收語音指令，更重要的是透過人工智慧來判斷環境氣氛，例如正在遠距開會，需要理性氛圍，就維持陽光般的明亮；正在和家人一起晚餐，需要溫暖和樂的氛圍，也能提供合適的照度。簡單來說，過去用昂貴的室內裝潢與燈光設計所達成的效果，如今智慧物聯網電燈就能輕易做到，而且還能隨時按照需求做出調整，不再一成不變。聰明、方便、省錢、省電，這才是智慧生活。所以只有物聯網而沒有人工智慧，那一點都不方便。但是只有人工智慧而沒有物聯網，應用範圍卻又非常侷限。只有把人工智慧（AI）和物聯網（IoT）兩個都已經成熟的技術加在一起，變成 AIoT，才能真的實現我們的理想。

貳、創新研發對企業經營的重要性

目前的趨勢可以發現，在相關創新企業軟硬體資料運算效能大幅提升，人工智慧科技加速進展之下，不同於過去幾年主要聚焦在物聯網（IoT）領域，現在及未來則以「AI+IoT」（人工智慧＋物聯網）為主軸，包括虛擬實境、機器人、智慧汽車、無人機等都是焦點所在。目前物聯網各個類別，往往被稱為「智慧家庭、智慧城市」等。按照物聯網系統的基本之「感測層」、「網路層」、「應用層」三層架構，所謂「智慧」的成分，主要存在於網路層傳輸後儲存資料的雲端伺服器：透過運用人工智慧的機器學習和大數據提供服務，讓消費者擁有良好體驗。近期人工智慧在物聯網的應用上，已有許多不錯的成果。2014 年，全世界第一個懂得識別人類情緒的超萌機器人 Pepper 登場，可以跟人類聊天。2015 年，Google 展示首次由盲人完成在公共道路上駕駛的自駕車，震驚各大車廠，紛紛跟進宣布自駕車計畫。同年，中國大疆無人機在農田裡協助噴灑農藥；而電商巨擘亞馬遜也展示自家的送貨無人機原型，並於 2016 年在英國展開無人機送貨服務。另外，亞馬遜在 2015 年開始販賣的 Echo 喇叭，內建直覺好用的人工智慧 Alexa，讓 Echo 到 2017 年初已賣出超過五百萬台，很多大廠亦搶著跟亞馬遜合作。亞馬遜也因此領先 Google、蘋果公司，成為智慧家庭的現任霸主。

AIoT 領域看似複雜又難以踏入，但台灣技嘉公司提供人臉辨識與數據分析系統，能協助企業輕鬆進行智慧轉型。運用人臉辨識控管大樓的進出人員，這套系統全部由技嘉公司研發製造，從運算必備的伺服器產品、控制系統後台及操作介面，特別是自建的演算法，能根據每個人員隨著時間變化，如年紀增長的所有面部改變，來調整辨識特徵，因此系統能持續精進辨識的準確度，大大提升企業資安防禦力。零售領域利用深度學習識別活動人流與分析顧客行為，也能利用技嘉公司數位看板解決方案，隨時檢測看板前方的顧客臉部特徵、即時分析性別、年齡與情緒等基本資訊，播放適合的商品廣告以打造互動式的零售場景。這些 AI 發展都有賴於強大的運算效能，像是 GPU 運算伺服器系列中的自建深度學習環境，調校自動化參數和運算模型準確度，大幅提升運算效率和降低訓練時間，為 AI 提供更好的學習環境，更快速地讓企業專心投入發展多元的 AIoT 應用，一同朝智慧生活圈前進。

根據工研院產業經濟與趨勢研究中心（IEK）分析，語音辨識（Speech Recognition；SR）、整體學習（Ensemble Learning）等 AI 相關技術逐漸成熟，並且將於兩年內可普及應用，預期 AIoT 將進入快速發展階段，包括智慧家庭、無人駕駛、機器人等領域，未來都將以 AIoT 為基礎，持續快速擴散。以機器人領域為例，隨著機器視覺技術愈來愈成熟，機器人在協助生活上的應用趨於成型，根據國際機器人協會（IER）預估，2015 到 2018 年全球服務型機器人市場將達到 196 億美元，其中居家服務機器人市場占有率約74%，因此可見許多業者推出居家機器人，多數業者以臉部、影像辨識為核心，提供陪伴、教育與娛樂、居家監控等服務，甚至可以透過辨識物體，執行物品協尋任務。由於AIoT已成趨勢，未來產業的競爭將走向以生活體驗引領產品發展的階段，數位轉型時代已正式來臨，資通訊技術也因此正逐步跨出傳統電子業領域，朝向發展更多智慧型應用的路途邁進，在此大趨勢之下，軟硬融合的整合式創新，將是產業下一波競爭重點，而以AIoT優先促進的軟硬整合，更是其中重要關鍵。

台灣的企業過去幾年積極以軟硬整合策略，發展出各式各樣的系統解決方案，剛好與大趨勢不謀而合。近年來企業因應全球產業與科技的變化，積極推動軟硬整合，逐漸從技術研發走向智能系統創新之路，臺灣產業已經從單一應用衍生到跨業整合，從製造衍生到服務，因此臺灣AIoT產業可以為全球市場提供新的價值；臺灣具有發展AIoT智能系統的爆發力，具備以人工智慧、大數據打造軟硬整合系統的強大實力。臺灣產業正快速轉型，已經不再只是提供零組件或為國際大廠代工的角色，而是有能力提供跨域整合的系統與解決方案。從經濟學中的供需市場價值機制來說，過去手機產品從技術成熟到完成開發，時間可能長達二年，如今在技術不斷加速發展之下，業者新推出的手機，可能在短短半年內就遭到複製，這對採取快速生產策略的臺灣而言，帶來很大的挑戰，隨著臺灣過去獨有的價值式微，臺灣必須找出新的策略方程式，才能持續迎戰市場，而開發智能系統提高產品附加價值，正是臺灣未來可以走的新方向，臺灣產學研各界應該攜手並進，建立臺灣在全世界供應鏈體系中的新角色。

從上述世界級企業的大動作，再再都說明人工智慧物聯網時代的服務來臨。也就是說，在物聯網時代，有價值的產品＋服務的商業模式，必然得在價值鏈＋生態系中占有一席之地，當中人工智慧更是決定服務優劣的核心。現在台灣學界在人工智慧研究的能量有一定水準，政府也打算朝這方面強化，雖然台灣產業界在人工智慧上的能力比起中美相對弱勢許多，但若找到學界或大廠一起合作發展，就能在物聯網時代共創美好未來。

市場研究公司 CB Insights 研究報告指出，2016 年 550 家新創公司中，以 AI 為核心產品而

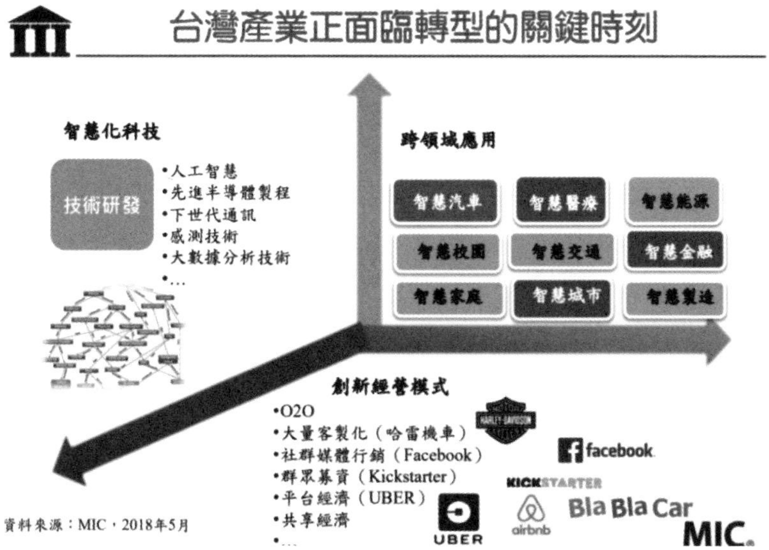

圖 1： 台灣產業轉型關鍵時刻圖

成交的658筆投資中，共募得50億美元的資金，國際研究顧問機構Gartner也指出，截至2017年6月的過去一年間之客戶詢問AI相關議題爆增了五倍（4,353件），除了詢問技術相關問題外，這些公司也想知道在其既有產品中，可以導入哪些AI元素以提升產品商業價值。儘管AI應用與商機正在快速崛起，但工研院提出AIoT的發展目前仍面臨二大難題：包括投入資源與金額不菲、同時人才亦不易取得。Gartner針對主要大企業進行調查，發現近六成客戶還在紙上談兵、蒐集資訊，尚未真正展開實質的行動，真正導入AI應用的僅12％，這代表大家對AI的高風險還在觀望。以數位企業五大平台－軟體開發商社群平台、業務行銷與客服平台、企業內部資訊與員工平台、IoT平台、及資料管理分析與整合加值平台等，依目前趨勢觀察，AI的應用仍侷限於客戶管理與業務行銷範疇。

目前AI在Mission-critical具重大決策之商業應用風險仍高，主因之一在於機器學習的發展主流－深度學習預測模型的產生仍存在「黑箱」問題，其推論決策的邏輯透明化程度低，導致使用者對該預測模型的信任度不夠，也讓相關法規制定者多所質疑，如自駕車或是投資決策等；此外，人類的多元價值觀與習性喜好的掌握，也是未來AI發展的另一大挑戰。但是網路安全（Cyber Secunity）研發大本營的以色列，卻已經用AI來輔助研發，認為AI可以幫助開發出更嚴密的資安系統；但同樣的，駭客也會以AI來提升攻擊手法。儘管Gartner預測AI在2022年可以創造出230

萬個工作機會，但也同時淘汰掉 180 萬個工作機會，CB Insights 則預估美國在未來五到十年內，AI 會威脅到 1,000 萬個工作機會，包括廚師、家事清潔等工作。

而麥肯錫全球研究所（McKinsey Global Institute）則發現，能夠完全 AI 自動化的工作僅 1％，但 60％的職業，可藉由 AI 完成 30％的工作。儘管 AI 前途看好，但相關人才卻奇缺無比，不管哪一間調研機構都一致認為，數據科學家（Data Scientist）人才有極大缺口，這不但影響企業導入 AI 的意願，甚至許多新創事業根本找不到相關人才而無法發展。儘管 AI 的技術運用以及種種疑慮仍有待解決，但預期未來在產業趨勢的帶動下，AI 與 IoT 仍將快速匯流，趨動智慧應用的普及，迎接智慧時代的到來。台灣若能積極掌握脈動，提前布局，便能在這場即將開打的 AI 大戰中搶得先機。

參、創新研發的實踐之道—企業主的角度

人工智慧（AI）結合物聯網（IoT）的 AIoT 將是最熱門的趨勢，勢必帶動如半導體、邊緣運算、5G 網路、智慧車輛等相關技術領域的創新發展，引領第四波科技創新，迎接智慧時代的到來。科

技不斷突破，應用領域不斷拓展的AI，為人類未來生活帶來更多智慧便利的想像，在技術日趨成熟的情況下，金融、行銷、零售、醫療、製造等產業相繼導入AI，誕生許多創新應用。展望近年產業趨勢，工研院產業經濟與趨勢研究中心（IEK）預測，AI與IoT將快速匯流，進化為智慧物聯（AIoT）。

智慧物聯網串接各式智慧應用，亞馬遜（Amazon）推出名為「Echo」的智慧裝置異軍突起，成功將搭載語音功能「Echo」的智慧音箱打入消費者的家庭，掀起全球智慧家庭市場熱潮。智慧音箱進入爆發成長期，眾多英、中文語系的智慧語音產業鏈各自成形；緊接著，居家機器人大戰開打，以家庭照護為方向，各產業紛紛搶進智慧家庭市

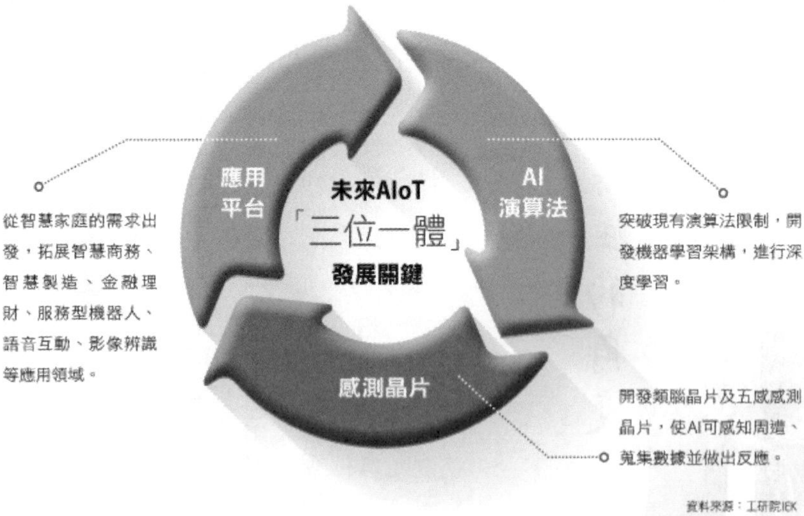

未來AIoT
「三位一體」
發展關鍵
應用
平台
AI
演算法
感測晶片
從智慧家庭的需求出發，拓展智慧商務、智慧製造、金融理財、服務型機器人、語音互動、影像辨識等應用領域。
突破現有演算法限制，開發機器學習架構，進行深度學習。
開發類腦晶片及五感感測晶片，使AI可感知周遭、蒐集數據並做出反應。
資料來源：工研院IEK

圖2： 未來AIoT發展關鍵圖

場，推出功能各異的居家機器人。不只家庭，AIoT 技術匯流下，也開啟了智慧商務新概念，如無人機送貨、無人計程車到無人商店等「無人經濟」的發展；AI 技術也串接第三方開發者，拓展出刷臉支付、智慧餐桌、智慧貨架等創新服務，以及具備情感社交、導覽、倉儲物流、揀貨等功能的商用機器人。各種整合 AIoT 軟硬體解決方案，持續開枝散葉，AI 應用平台串聯各種智慧應用，發展創新服務。現今國際大廠在 AI 晶片的布局，以開發模仿人類腦神經架構而製成的「類腦晶片」為長遠目標，以生物神經架構、訊號傳遞與運算記憶進行電子電路材料、元件、電路模擬等工程仿真，猶如每個處理器皆搭配專屬記憶體，可有效解決傳統序列演算之不足與耗費龐大資源成本的窘境。同時 AI 運算趨勢也由雲端運算，逐漸走向分散架構的邊緣運算（Edge Computing），以縮短網路傳輸的延遲，加速即時運算的處理。未來需要讓 AI 的感知及認知近似於人類思考模式，加快學習速度，因此透過開發類腦晶片，將使 AI 能解決更複雜的問題，也可以擁有自主學習的功能。

此外，未來 AI 技術將在資料、運算及演算法出現革新，侯鈞元說，決策智能是目前產業發展的階段，「自駕車」將是發展焦點，能駕馭自駕車代表人類已能突破 AI 在認知與決策上的關鍵技術。「未來產業競爭優勢在於『演算法』的突破，而這也將是台灣 AI 應用技術廠商『彎道超車』、有助於打破國際大廠獨占市場的好機會。」工研院 IEK 產業分析認為，下個階段的 AI 發展策略將是「應用平台」、「演算法」及「感測晶片」三位一體，企業可以從光學模組、顯示面板、環境感測器等物聯網終端零組件及聯網設備產業切入，推出高附加價值的產品，也可建構 AIoT 軟硬整合生態體系，開拓跨域技術整合，例如機器學習架構、異質性系統整合、互動介面設計等，先行布局，在這場 AIoT 大戰中搶下關鍵位置。

在產業服務上，則聚焦在數位分身（Digital Twins）的應用，運用各種裝置與數位感測器偵測某種實體或系統的狀態及變化，把大量機器學習演算法拓展至製程、機器運轉及服務作業的改善及回應，提供終端及遠端的預防性維護及維修。AI 演算法技術也積極尋求新突破，除了解決機器學習的投入成本、環境變數等挑戰之外，更拓展機器實現跨任務學習的能力，讓機器能像人類般可藉由經驗累積達到學習成長。「要訓練機器深度學習的演算法，需要非常龐大的資料，如何降低資料需求，讓機器自己創造資料，才是決勝關鍵。」AIoT 大勢所趨，世界各大知名企業如亞馬遜、Google、IBM、蘋果（Apple）、英特爾（Intel）、微軟（Microsoft）、臉書（Facebook）等，皆積極地併購與大幅投資 AI 相關新創企業，以便進行策略佈局，但目前 AIoT 的商業應用，仍以對話機器人（Chatbot）最為普及。

在農業上，各種聯網的感應器越來越普及了，但是卻又缺乏了人工智慧的演算法來協助，導致眾多資料未能派上用場，而最後仍然以工人智慧來處理。在醫療上，又是另一種情況。人工智慧的技術在視覺辨識上可以表現得比人眼更好，所以透過人工智慧辨識各種醫學影像並且提出精準研判早就是常態了，但是醫學影像只能在醫療機構取得，如果能透過隨身穿戴裝置持續取得更大量的資料，加上人工智慧的判斷，是不是可以提早診斷甚至是預防憾事發生？如今智慧型手錶，除了脈搏以外，也加入了越來越多的感應技術，包括血氧甚至血糖，能夠提供的資料越多，帶來的影響和改變也就越大。台灣很幸運，AIoT 產業發展所需要的技術，我們樣樣俱備，人工智慧的人才台灣供給充足，物聯網的聯網與感應裝置台灣也有供應鏈，甚至也開始有傳統的製造業正在著手加速轉型，不僅只是把製造自動化，更是彈性化、智慧化和客製化。

發展成熟的 IoT 與人工智慧技術匯流，就進化成「AIoT」，當智慧裝置加入 AIoT 能力，進一步演化，就可以提供使用者期待、甚至於超出期待的服務，也難怪不計其數的產業巨頭紛紛投入 AIoT 研究，因為 AIoT 就是拼湊「未來」的一片關鍵圖塊。看準 IoT 導入人工智慧技術後的傑出表現，各界在 AIoT 上的投入經費、開發規模持續擴張。除了前述藉由 AIoT 打造的智慧家居想像，AIoT 應用趨勢還包含三個關鍵技術，將大幅影響人類社會，此次將深度探討，一窺 AIoT 未來十年的發展端睨。

以下為 AIoT 三大關鍵技術的相關敘述：

1. 雲端數據與分析（雲端大數據分析）
2. 嵌入式系統與感測器（晶片設計）

3.5G 與 AIoT（無線感測網路）

雲端服務是傳統 IoT 生態不可或缺的一環，大致上可分為基礎設施、平台與軟體（IPS）三種服務模式。近來提供雲端服務的科技公司也著手積極整合數據資源、強化 AI 產品，顯示出 AIoT 產業的蓬勃擴張。BI（商業智慧）與數據探勘一直都是企業發展所重視的面向，為了在瞬息萬變的數位時代得到更精細的市場投資回報率（ROI），雲端數據分析市場與 AI 之間，存在強烈的整合需求。比如說電腦產業，以往是電腦上市後就有人會買，競爭激烈的今日，企業就必須用整合人工智慧的方法嗅出商機：分析影響收益的權重因素、從財報判斷需要重新配置投入的資源，或提出趨勢與發展計劃。全球大數據累積達到可觀規模，企業原初使用的各類 BI 與數據分析工具不足以應付現況，須結合人工智慧以掌握越趨海量的全球級數據，並加以利用轉化為收益。

嵌入式系統一般來說是針對某項特殊用途所客製化，綜合軟硬體所開發的封閉系統（例如導航用的 GPS、便利商店的 ibon、PDA 的數位助理等）。傳統 IoT 控制操作，都是通過搭載嵌入式系統的感測器（sensor）來運作，也就是透過這些感測器收集資料。當人工智慧技術微型化導入感測器，搭載 AIoT 的嵌入式裝置運算能力也需提升，如此一來，數據不一定得再回傳雲端做人工智慧分析，邊緣端就能進行基本運算，邊緣運算在整體架構的占比提升，裝置即使沒有連上全球網路也不怕。以工業數位轉型來說，AIoT 使得許多製造業「智慧工廠」的口號能夠更進一步的實現，生產設備與物料倉庫被 IoT 賦予了聯網功能，自動化生產與倉儲管理因為整合人工智慧後，運作更加完善多元。消費者日常生活方面，IoT 穿戴裝置在銀髮族健康照護領域行之有年，經過 AIoT 升級的感測器，不但能有效關注老人健康狀態，及時指引老人復健運動、避免錯誤姿勢與動作；通過感測器與醫療體系的聯結，感測器能快速反應，在危急時通知救護人員，讓救援在黃金時限內完成。人工智慧還能從裝置中的大量資料學習知識，在虛擬人類身體架構中推論，協助醫療決策，AIoT 將使得智慧生活的願景逐步落實。

5G（第五代行動通訊技術）由於頻寬更大、覆蓋率更廣，速度最高可快過 4G 百倍以上，傳輸與接收點之間的延遲時間低於 1 毫秒。5G 低延遲特性更是促成 AIoT 普及的關鍵技術，以車聯網與自駕車為例，汽車上搭載不少數據感測器與攝影鏡頭，與 IoT 結合後，不只能監控車況，還能跟駕駛身上所有的穿戴裝置串聯，判斷駕駛生命徵象，比方是疲勞或睡著，大量數據資料透過 5G 上傳雲端進行人工智慧分析，就可以協助路況判斷與預防事故。車聯網屬於攸關駕駛人與乘客性命的 AIoT 應用，在運作過程中無法容許任何延遲，為避免交通資訊的處理過程中，數據傳輸量不足或過慢所造成的風險，5G 的兩點傳輸低延遲特性解決了這種問題。在不久的將來，5G 設備普及後的聯網環境將帶動 AIoT 應用生態發展，AIoT 屆時也將重塑我們的工作與生活。

人工智慧、硬體、網路、應用服務⋯分開來看早已不是新鮮事，但是兩兩加乘、或是全部加總在一起，卻會為人類帶來完全創新的生活模式與社會情境。面對全球數位科技的新浪潮、以及國際新產業的崛起，行政院在2016年正式推動「數位國家 創新經濟」計畫，迎接數位化帶來的契機與挑戰；同時國發會的「亞洲連結矽谷計畫」，更是善用台灣硬體製造優勢、深化物聯網發展的領航計畫；而科技部此刻正加大力道，創設我國的AI創新研究中心。2018台灣AI元年，以及在Google、IBM與Microsoft紛紛投資台灣AI研發之後，讓你快速掌握最新趨勢，也給予我們帶來新的視野。根據國際研究調查機構IDC預測，今年全球圍繞物聯網(IoT)衍生的商機逼近1兆美元，其中，扮演關鍵角色的是人工智慧AI結合IoT所形成的AIoT新趨勢。萬物聯網只是開端，由萬物聯網所獲取的大數據，若經由AI技術進行分析、運用，將可激發出各種新型態的商業模式；例如全球興起的無人商店，即串接實體商店、倉儲物流、電子商務與支付等，顧客只需要刷臉或手機支付，就能完成購物和紀錄消費資訊。隨著AI人工智慧的導入，全球聯網裝置數量不僅爆炸式增長，更朝向智慧化的趨勢發展，不僅帶來更多便利，也節省更多時間或金錢成本。

(1) AI裝置由雲端運算逐漸轉移至裝置端運算

近年來人工智慧（AI）發展進入前所未有的高速成長期，所衍生之技術也陸續落實到一般大眾生活的產業應用。從產業發展來看，AI已對現有的硬體、軟體、演算法、系統、商模等帶來快速革新，其影響遍及個人、社會、產業、政府，因此 AI 已成為產業或國家競爭力的指標。根據工研院最新發布的「亞洲 2030 前瞻科技調查」報告，未來十年亞洲最看重的前十大技術發展項目中，首選是 AI 與機械學習技術，也是國家發展的重要關鍵。AI 的設計除須考量資料收集與處理、演算模式、應用需求等，硬體效能也是 AI 設計中非常重要的一環；因此全球各大半導體業者均積極布局 AI 晶片相關技術與產品，而我國半導體產業若想要固本攻頂，勢必要在 AI 晶片產業上有更積極的作為。如果說 AI 的發展前期主要集中在雲端（Cloud），那麼接下來的發展趨勢將會往裝置端（Device）轉移。這個轉移有四大好處：第一、裝置端的回應速度大大提升，比如針對一些車載系統的智慧應用，如 ADAS 應用，如果通過雲端計算處理，再把資料從雲端傳回來的速度會比較慢。第二、如果把資料放到

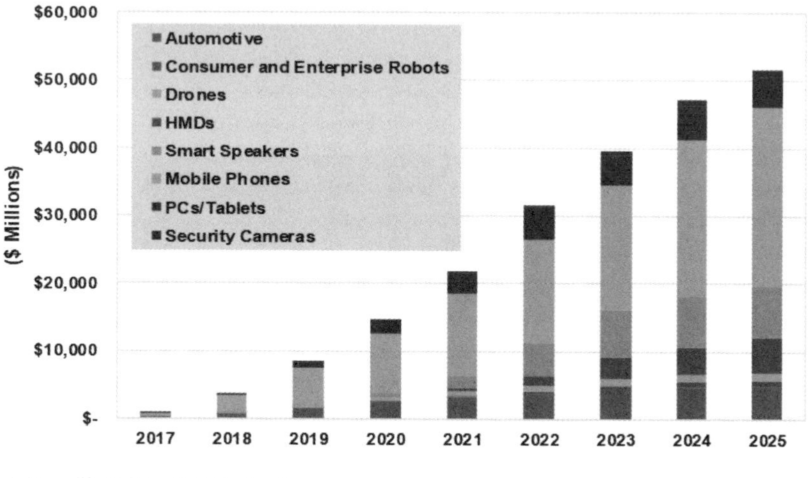

圖 3：裝置端 AI 晶片市場規模

雲端，隱私也非常容易暴露。第三、目前的上傳流量資費成本也很高。第四、相對伺服器端，裝置端的功耗會更低。實際上目前雲端伺服器的用電量已經達到全球電力的5％。從環保節能的角度來看，AI從雲端往裝置端的運算轉移也會是一個潮流。由於未來的AI運算將由目前的雲端運算逐漸將部分功能轉移至邊緣端運算，邊緣端裝置又常常是採用電池供電，因此在高效能與低耗電的需求下，開發新的晶片架構則是未來的AI晶片發展趨勢。

全球從PC和手機邁向物聯網(IoT)與人工智慧(AI)科技時代，AIoT應用興起，掀起新一波典範轉移，半導體仍是關鍵技術，扮演核心角色。AI產品的改變，帶給半導體產業很多機會跟挑戰，AI產品目前看不到殺手級應用，但AI運算需要運算力，且AI產品少量多樣，在晶片設計上是非常有挑戰性。目前在AI裝置端的應用產品可分為八大應用：智慧駕駛車、消費性與企業用機器人、無人機、頭戴顯示裝置(HMDs)、智慧音箱、智慧型手機、電腦/平板、智慧監控攝影機，對臺廠而言，都是很好的切入點。2025年的前三大裝置端AI晶片市場規模為智慧手機(23,045百萬美元)、智慧音箱(7,634百萬美元)、HUMs(5,287百萬美元)。至於2017-2025年成長率最高則為消費型與企業用機器人(116%)、安全監控攝影機(105%)。不同於過去PC或手機時代有很明確的產品模式，如電腦的Wintel架構、手機的Android或iOS系統，如今，AI裝置端產品強調的是少量多樣且應用分散，對晶片的要求自然也大不相同，例如智慧監控攝影機需可應用在AR眼鏡、街景拍攝、機器人等產品上，除了皆有省電要求外，AR 還需要小尺寸封裝，街景拍攝有價格考量，機器人則需具備高效能運算等，種種需求讓臺廠進入 AI 終端裝置的門檻更高。

(2) AI 裝置端晶片發展趨勢及挑戰

裝置端產品智慧化將是顛覆 AI 運算架構的新力量。由於未來的 AI 運算將由目前的雲端運算逐漸把部分功能轉移至邊緣端、裝置端運算，因此在高效能與低耗電的運算需求下，開發創新的晶片架構則是未來的 AI 晶片發展趨勢，以具備輕薄可攜、高省電性、離線智慧等特性，提高裝置端 AI 晶片技術帶來的便利性。提升裝置端 AI 晶片的算力與使用彈性，可以增加更多應用服務的種類，例如臉部辨識解鎖，照相的品質增強，處理低照度具有雜訊的照片。顯示器也可以做更多種類畫面與畫質的增強效果處理。但一方面要提升算力，但另一方面又要兼顧低耗電量，確實是發展 AI 晶片的技術難題。智慧物聯網產品多屬長尾利基商品，各別市場數量可能不大，但只要能訴求正確的目標族群，則仍可能獲利。因此對 AI 晶片設計業者來說是機會（多樣性）也是挑戰（快速 time to market）。少量多樣 AI 應用情境使我國 IC 公司面臨下線成本之門檻提高。此外多樣化產品要求提高晶片系統設計複雜度，更需要在短時間內完成，對國內廠商是一項大挑戰。雲端的 AI 晶片解決方案，雖然效能強與彈性大，但耗電量也隨之大增。目前的 AI 晶片平均能耗大約是在 1TOP/W，離人腦的500TOPS/W距離很遠，仍有很大的改善空間。這樣的AI晶片用在使用電池的設備上，操作時間勢必縮短很多，因此裝置端的AI晶片需要新的晶片架構，來達到省電的目的，至少也需要是減少十倍甚至是百倍的耗電量。

在發展裝置端AI晶片，多數廠商會面臨缺乏關鍵AI智財、缺乏軟硬體整合能力等問題。另一方面，國內廠商目前在AI晶片方面的發展較為單打獨鬥，缺少軟體技術、架構設計、以及軟硬體協同優化；然而AI的市場是較屬於快速開發並快速應用的產品與服務，著重於軟硬體整合能力，導致國內廠商不易進入此一新興市場。由於AI需要大量的運算能力，也跟採用的軟體演算法有密切的關係，因此如何在功耗、面積、效能等方面取得平衡，同時

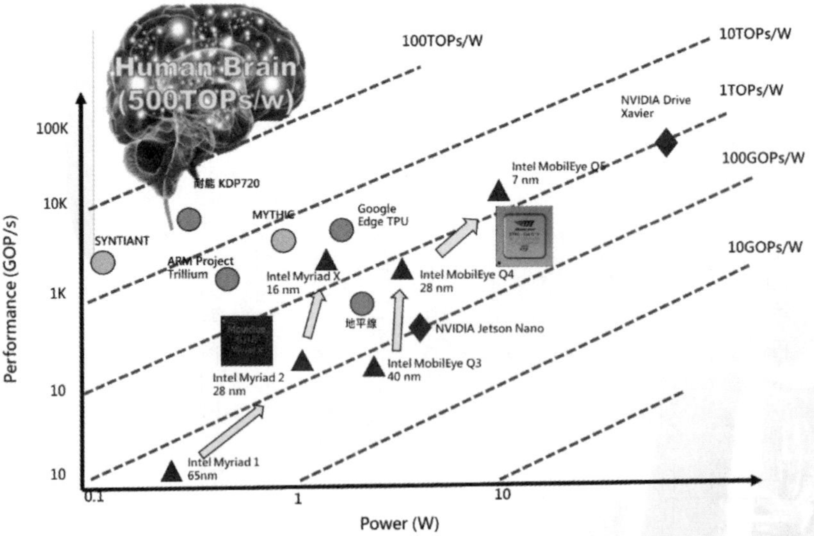

圖 4： 嵌入式 AI 平台往人腦效率發展

根據應用進行軟、硬體分工最佳化，都不純粹是靠過往的經驗就可獲得；再加上國內廠商的軟體技術能量不足，都限制了業者的投入。

(3) 台灣產官學研一同攜手解決 AIoT 晶片技術問題

為了健全即時 AIoT 晶片的發展環境，與打造晶片的解決方案，並來協助我國在 AIoT 產業中取得發展地位。行政院於 2018 年 9 月成立「AI on Chip 示範計畫籌備小組」，規劃並聚焦產學研共識之技術研發項目及時程。針對「半通用 AIoT 晶片」、「異質整合 AIoT 晶片」、「新興運算 (Emerging Computing) 架構 AIoT 晶片」與「AIoT 晶片軟體編譯環境開發」等四個議題，制定我國 AI on Chip 發展藍圖。為了因應 AIoT 時代的到來，全球紛紛將 AIoT 列為國家戰略發展目標，如美國在 2018 年提出的「美國電子復興計畫」，預計未來五年投入 15 億美元。另一方面，中國的「新一代人工智能發展規劃」目標在 2030 年領先世界，占據全球 AIoT 制高點。日、韓等半導體強國也都進行大規模的投資，以搶進全球 AIoT 強國之列，更牽動了 AIoT 晶片霸權新賽局。臺灣具有全球領先的半導體設計、製造、封裝產業，能建立起完整的 AIoT 晶片供應鏈。另一方面，裝置端 AIoT 晶片將扮演資安與隱私保護的重要防線，也是國際雲端大廠端到端整體佈局的關鍵環節，臺灣在國際上的正面形象帶來龐大優勢。此外，臺灣也有 AIoT 產業的優勢，更具有製造業終端資料、先進製造及健康醫療等資料庫。可透過 AI 晶片垂直整合智慧系統與應用服務，提升製造業附加價值。現在對於臺灣來說正是切入裝置端 AIoT 晶片市場的最適合時機，將會為臺灣在全球 AIoT 發展進程上取得舞台話語權。臺灣半導體業者宜掌握 AIoT 晶片彈性多工的自主設計能力，同時需因應製造及封測業者對於少量多樣、快速產製的技術缺口。並同時打造具備多工、彈性、低耗電之新興裝置端 AIoT 晶片架構。建立起具國際競爭力的 AIoT 智慧系統生態系，除帶動半導體產業，亦同步帶動 AIoT 裝置端設備及系統整合業者發展更多應用服務。

肆、創新研發的實踐之道—員工的角度

縱觀目前 AIoT 技術的發展，以下列出目前相關應用的開發技術項目與實驗是目前發展的研究概況，提供給員工長期的未來發展趨勢與方向參考。

(1) 水產養殖及魚菜共生系統開發

魚菜共生，又稱養耕共生、複合式耕養，指的是結合了水生動物中的糞便和水中的雜質分解

過濾，主取氨（尿素）成份供應給飼養箱上的蔬菜，同時蔬菜的根系把飼養箱內的水淨化供給水生動物使用，結合水產養殖（Aquaculture）與水耕栽培（Hydroponics）的互利共生生態系統。利用物聯網的概念，來實現自動種植的功能，透過藍芽進行控制和數值的顯示、再利用 SaaS 把數據傳到樂為物聯的平台。本研究利用感測環境物理量訊號藉由無線傳輸技術傳送到電腦，透過程式精確的演算去進行控制，來達到智慧型控制技術，以及使用嵌入式微控制晶片或處理器來得到最佳化的系統，並且藉由網路與行動裝置連結來達到即時遠端監控功能，增加便利性，預期系統架構圖所示。期望藉由此研究將感測端、傳輸端、控制端三端達成無痕接軌並已達成控制系統高效率、高穩定度、高精確度的要求。

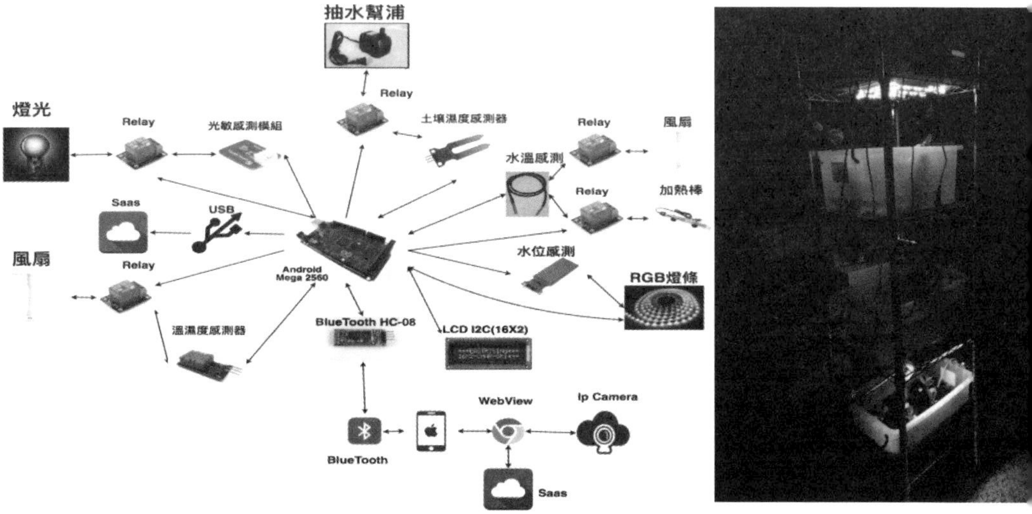

圖 5： 魚菜共生系統圖

本研究針對農漁的種植、養殖環境模擬建立一套自動化監控系統，利用空氣溫度、空氣濕度、土壤濕度、光敏感測模組，將擷取到的物理感測訊號經由 BlueTooth 無線傳輸，Arduino Mega 2560 進行訊號處理與運算，將訊號透過 USB 介面傳送給終端電腦，藉由 Saas 服務平台提供的軟體來監控感測模組，主要透過 BlueTooth 傳遞給 Android 使手機也能監控感測模組與控制後端設備、LCD 面板顯示。另一個研究建立了魚池養殖環境的自動監測系統。這項研究的目的是減少自然災害造成的養殖成本損失，並促進養殖者控制其魚塘。因此，通過溫度，溶解氧和 pH 感測模塊提取水質的物理信號，並控制加熱器，潛水式電動泵，氣泵，進料槽和 LED 照明燈，以改善水質並減少人工。實驗結果表明，可以準確，穩定地監測魚塘養殖環境。

(2) 遠端醫療照護

遠距醫療已增強了醫療保健提供者照顧更多患者的能

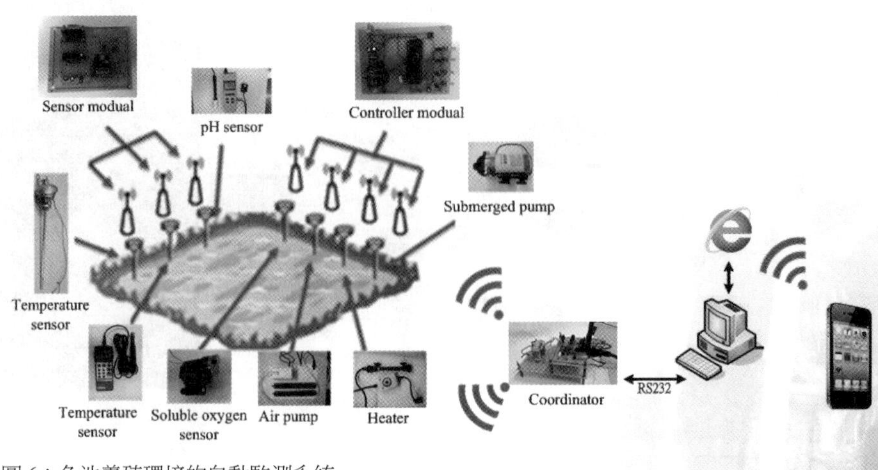

圖 6：魚池養殖環境的自動監測系統

力，而無須親自到場。現在，它已經證明其價值，將會形成一股潮流。雖然許多醫療保健提供者已透過簡單的視訊會議而引進遠距醫療，新一代遠距醫療技術將會提供更多功能。臨床醫生將使用自然語言處理功能在探視病人期間自動記筆記。專家將在急救程序時從遠端積極參與醫療。且各地的患者無論身在何處，都將受益於高水準的照護。

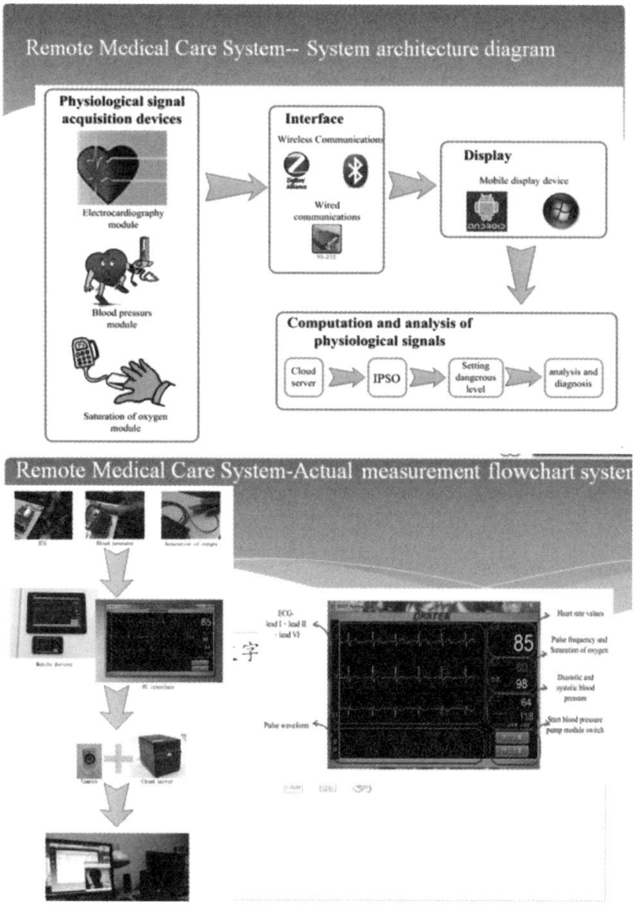

圖 7：遠端醫療照護系統

(3) LED 情境控制

智能照明（Smart Lighting）正將我們的生活帶向一個更光明的情境。一份消費者研究報告顯示，多數人認為照明不只是一個功能性的應用，還能有助於感覺和情緒的改善，例如能讓人們感到安全、歡迎、放鬆和舒適等，由此可見照明的重要性。隨著物聯網（IoT）無線技術的成熟，許多 LED 燈泡和燈具也內建了無線連接的功能，引領了智能照明的發展。近期，家居設備行業的重要廠商就發表了一款搭載物聯網無線技術的 LED 智能燈泡/照明系統，讓使用者更容易針對不同的情境智能化的控制及調整燈光。

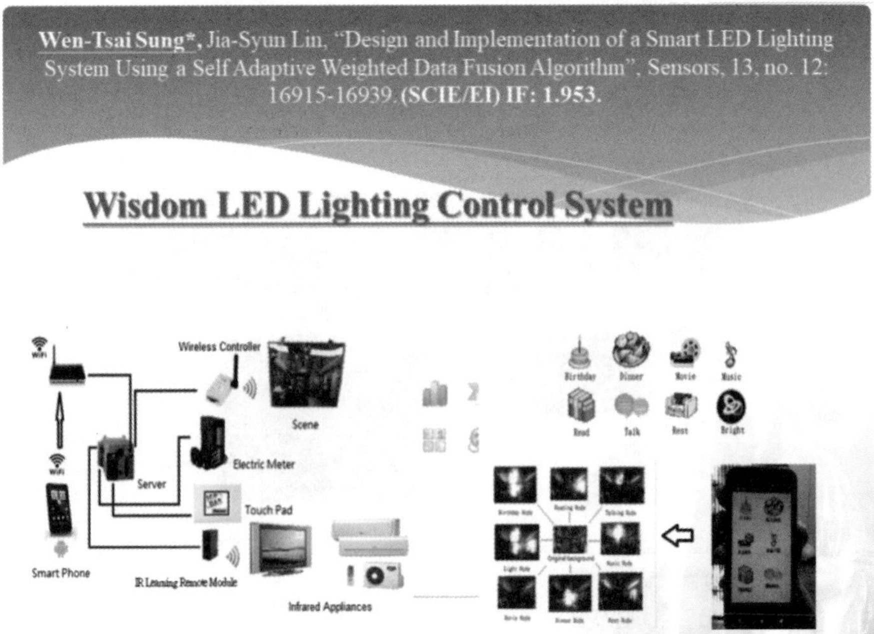

圖 8： LED 情境控制

(4) 智慧屋，智慧生活舒適度最佳化

家庭自動化（Home automation）是指家庭中的建築自動化，也被稱作智能家庭（smart home）。家庭自動化系統能夠控制燈光、窗戶、溫濕度、影音設備以及家電等，智慧家庭也可能同時包含家庭保全，例如出入控制或者是警報器。當連上了網際網路後，家庭設備變成智能網中重要的成分。

(5) 車聯網

車聯網涉及人、車、路等三個聯通對象，在各聯通間並有車輛控制、車況查詢、路況規劃、車輛租賃的分享利用、車載影

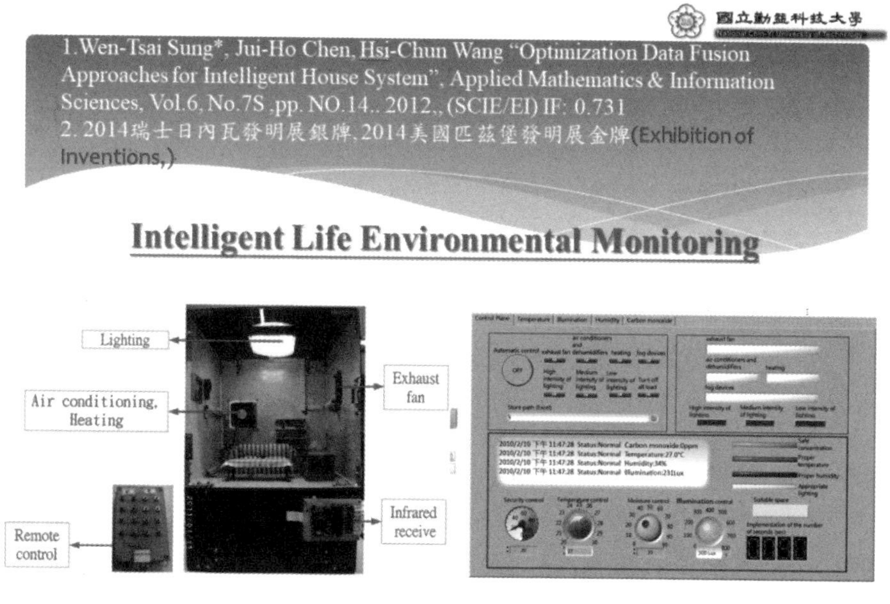

圖 9：智慧屋

音娛樂、車輛安全輔助等應用，由於車輛終端的功能有各大車廠的投入，聯通網路有電信商進行規劃與投資、服務與應用平台則有各相關產業業者投入，而這些也都由經濟部相關單位負責推動與主導；因此，在智慧運輸方面宜將重點放在已成熟化之產品與服務應用、建置，將之整合運用到實際交通場域，提供主動安全（路口防碰撞、前向煞車提醒、超車提醒等）、交通管理（紅綠燈車速引導、交通資訊及路徑規劃等）與資訊服務（汽車分時租賃、重要服務地點提醒、充電站引導等），來改善許多交通問題。

(6) 智慧農業

無人飛機穿梭於農田上空，一邊監控作物生長狀況，一邊將資料傳送雲端，透過雲端運算，進行符合成本與對環境傷害最少的農藥與化肥施用分析及對水資源最有效的管理，而農民只要透過一只手機或平板電腦連上雲端，即能輕鬆完成「巡田」任務。利用大數據的分析，農民可瞭解作物特性，以

圖 10：車聯網

適時調整土壤類型微量元素與養分、灌溉行程、作物輪作以及其他生長條件；使用葉片感應器測量植物含水量的壓力，用土壤感應器蒐集水移動方式並追蹤土壤濕度、碳及土壤溫度的改變，可優化灌溉工作，避免作物受損；拍攝作物，然後上傳資料庫，提供每日參考價格，作物售出時系統即時提供資訊，讓農民不需離開農場就能參與全球經濟活動。在消費端，消費者經由掃描包裝上的 QR Code，可在家輕鬆看到植物工場內栽種的杏鮑菇於潔淨的自動化環控廠房生產及採收過程；遠在國外的通路商則可藉由農業雲供應鏈系統將臺灣外銷的農產品迅速在國際連鎖超市鋪貨；而經由雲端下單訂購7個月後的鮮香菇，農場工作人員同時正藉由 RFID 系統準備這批要外銷的香菇菌種。這些都是未來農業 4.0 達成後的情境。

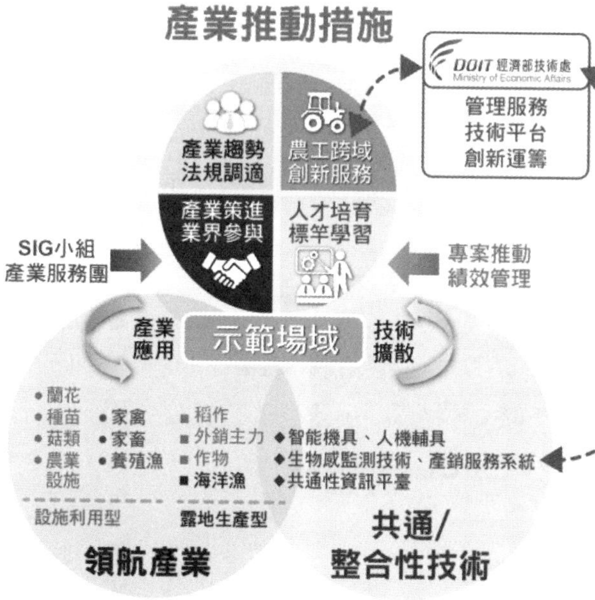

圖 11：智慧農業

(7) 智慧花盆、植物工廠

傳統農業必須面對不同的氣候因素，導致作物產量不穩定，而植物工廠在室內，因此避免了不同自然災害和蟲害。也可以在全天候進行批量生產全年無休，保證了農作物的質量。本研究使用無線感測網絡（WSN）架構，用於工廠環境的多監控，旨在改善其日益增長的環境質量。在監控環境方面，終端設備節點上的傳感器模組與 Arduino 結合在一起用於捕獲通過無線信號傳輸發送的感測器值。無線信號的數據進一步由多個終端設備傳輸 XBee 交給協調員 XBee。協調員負責收集數據，通過 Com 端口將其傳輸到監視端電腦；系統界面對感測數據進行分類，並在屏幕上顯示感測器值；同時，感測數據將傳輸到 Access 數據庫並進行存儲。

感測器值上傳到雲硬碟數據庫 MySQL，並時時可以在網頁上看到環境數據。

在控制方面，每當環境感應值超過預設值時，發生異常警告植物生長狀況，系統界面顯示警告並轉移通過無線感測網絡

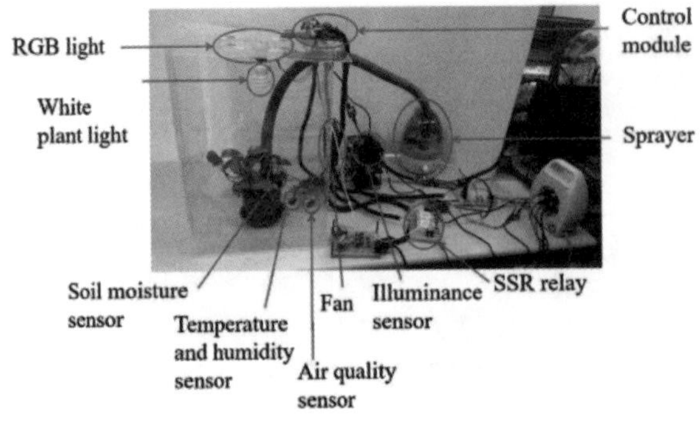

圖 12：智慧花盆，植物工廠

（WSN）向終端節點的控制模組發送無線控制信號。當接收到控制指令時，電氣設備被置動。改善環境質量，直到異常警告停止，並且操作停止。還有一個附加的時間設置功能，透過該功能，用戶可以在系統界面中設置灑水和點亮時間，以便當前，程序向控制器發送指令以激發指定的動作。根據多項實驗分析，Arduino 和 XBee 的應用適用於不同的場景，例如環境監控系統以及與場景的交互，甚至是機器人製作。可以構建不同的無線感測應用程序，以便用戶可以根據結果進一步進行 WSN 技術開發和創新這項研究。

(8) 機器人自動化產線

透過自動機器模組快速回應客戶需求，以量產的成本進行客製化製造，以滿載產能進行生產。由於目標式製程規劃而以低交易額提高生產力，可即時調用資訊，使用相同數量的機器製造更多種產品。

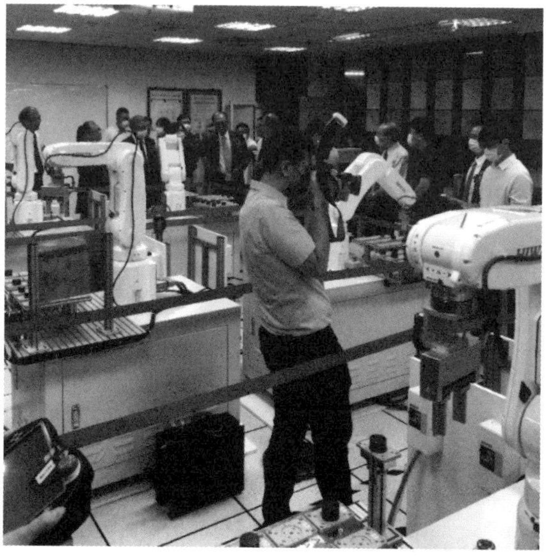

圖 13：機器人自動化產線

(9) 智慧化交通管理

智慧運輸系統 (Intelligent Transportation System，ITS) 係藉由先進的資訊、電子、感測、通訊、控制與管理等科技，運輸系統內人、車、路蒐集的交通資料，經由系統平台處理分析轉化成合適且有用的資訊，透過通訊系統即時的溝通與連結，改善或強化人、車、路之間的互動關係，提升用路人的交通服務品質與績效，進而增進運輸系統之安全、效率與舒適，同時減少交通環境衝擊。

圖 14：機器人自動化產線

(10) 區塊鏈資訊安全

區塊鏈技術，簡單而言，即將資料放到一條由多個節點共同維護的資料鏈上，每個節點中都擁有相同資料，並利用共識決演算法確保資料不被竄改、偽造。

所有的區塊鏈應用都係建立於底層程式的加密和共識決演算法的基礎之上，因此，區塊鏈系統底層本身的安全性需被放大檢視；而安全性可分為兩個面向探討，一是資料的安全性，二為技術層面的安全性。

資料的安全性：「資料安全」此詞彙具兩個截然不同的意義：第一種安全指的係資料本身不被竄改、滅失及遺漏；第二種安全則指資料不外洩。上述兩種「資料安全」意義在本質上是互相矛盾的，若要避免資料不被竄改、滅失及遺漏，最簡單的做法即大量備份；而若要避免資料外洩，則應該盡量減少資料持有的人數。區塊鏈技術去中心化的理念其實只解決了第一種安全性的需求，即資料不可竄改。但同時也增加了資料外洩的風險，因此仍然必須依賴傳統的加密方法以維持資料的機密性。

技術層面的安全性：區塊鏈系統一旦上線後，即很難再更動程式，因此，第一個面對的問題將會是能否在不停止系統運作的情形下，修補智能合約內所存在的漏洞。第二個疑慮是其擴充性，隨著資料存取需求增加，擴充儲存需求是不可避免的，如何在區塊鏈上設計一套安全的擴充方法是目前最大的挑戰。

(11) 智慧零售

當我們走進商店，第一眼馬上看到自己最喜歡的商品，你順手一拿，經過電子廣告看板，它總是推播你有興趣的產品，又忍不住讓錢包失血，你覺得疑惑為什麼你的心思都被看透。「智慧零售系統」就是其中的秘密，商店導入具備辨識功能的攝影機，系統會擷取商店內部的影像，利用圖像及人臉辨識系統採集店內的營運數據，例如顧客性別、年齡、產品偏好、熱門商品以及不同時段的人流動向。零售業的決策過程大多仰賴經理人的經驗，但現代市場

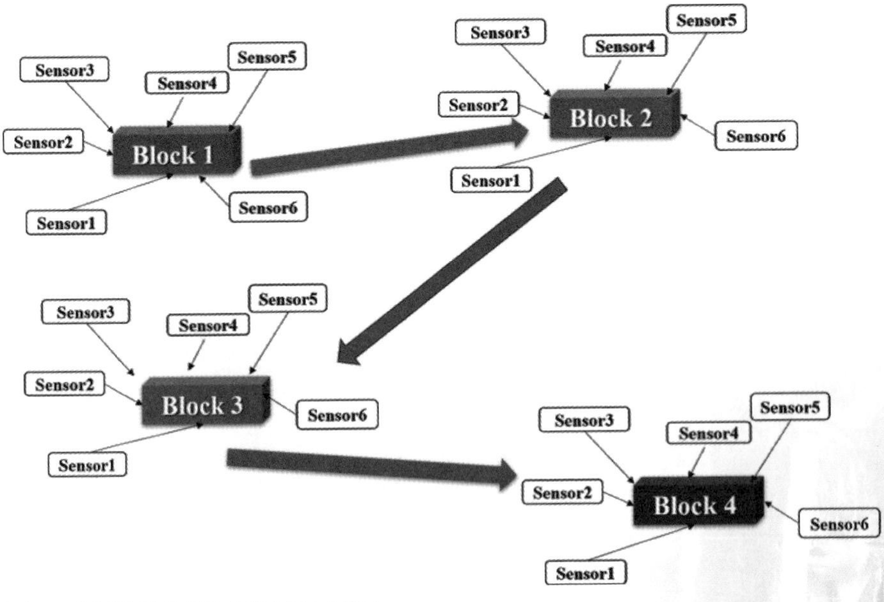

圖 15：將區塊鏈技術整合到 WSN 系統中

步調實在太快，傳統決策過程早已跟不上消費者的喜好轉變速度；先進的零售業者必須藉由數據分析精準掌握顧客行為，作為改善店內的商品種類、擺設與廣告等行銷策略的依據，甚至是挖掘顧客的隱藏需求。

舉例來說，百貨公司周年慶時，系統偵測到顧客大多為 30 至 40 歲的女性，自動利用智慧廣告看板推送熱門的美妝產品，有效提高顧客的購買意願。智慧感測系統也能找出各個營業時段中，顧客平均停留時間最久的位置，店家可以擺放不同的重點商品提升營業額，或是判斷促銷活動是否發揮具體效用─未來零售行銷不再是砸錢碰運氣，而是利用數據確保投入的每一分錢都能有確切的回報，將店內坪效最大化。

(12) 智慧安控

生活中出現智慧零售的同時，物聯網系統也進入辦公大樓，企業在大樓內部設置環境感測器與通訊系統，全天不斷採集建築內部的數據，像是室內亮度、溫度與人員數量等參數，智慧建築會依據這些數據判別內部的照明亮度、室內冷氣、人流走向等情況。當系統識別到辦公室沒人、燈光卻恆亮的情況，便會自動關燈或是降低亮度，避免不必要的能源浪費，每年可省下可觀的電費。

除此之外，智慧辦公大樓多具備了人臉辨識的門禁功能，由攝影機偵測人員的臉部特徵並比對資料庫進行判讀，如果在誤差範圍內則給予通行，上班打卡不再是常態，員工只需刷臉就能通行，下午參與會議也不用排隊簽到，通過入口直接完成報到，如此一來，人資便能輕易掌握出席人員，作為考勤的參考數據，生物辨識功能也能提高驗證的正確性，並避免代打卡等弊端。整體而言，智慧感測系統透過內部的環境感測器便可達成自動化控制，隨時監控大樓內部狀況，包含溫度控制、照明控管、區域安控等功能，不但降低大樓的營運成本，更創造出環境友善與便利的辦公體驗。

(13) AIoT 智慧物聯網與人臉辨識應用

物聯網 (IoT) 迅速席捲了整個世界，並透過各種與網路連線的設備融入我們日常生活的各個層面，讓城市、家庭和工作場所變得更加智慧。將 IoT 與人工智慧 (AI) 技術結合後，便是所謂的 AIoT（智慧物聯網）。透過機器學習和深度學習等技術，人臉辨識強大的功能，可在智慧物聯網解決方案提供更高效、便利且多樣化的應用，並可大幅提升使用者體驗。人工智慧技術和物聯網之間的合作，造就了 AIoT 的全新領域，這為更多的創新概念提供了條件，以邁向智慧連網的大未來。當結合了 AIoT，人臉辨識為各產業的企業和消費者帶來了引人注目的使用案例。

門禁及存取控制：AIoT 其中一個廣泛的使用案例就是門禁及存取控制。它可能是通過多種不同的設備端，包括差勤系統、智慧門鎖、智慧藥櫃，以及行動裝置和設備的快速登入。搭配智慧門鎖和門禁系統，人臉辨識技術可協助門鎖記住特定的規則。例如：透過密碼或生物辨識技術（如人臉辨識），門鎖可以只讓得到許可的人進入。而在工作場所中，可讓門禁系統僅在工作時間或周間才能進行解鎖。

電子看板及互動式資訊站：另一個 AIoT 的常用案例是數位電子看板和互動式資訊服務站。由於 COVID-19 的疫情，後者的採用率正在逐漸增加。例如：放置在大樓、商店及餐廳入口處的資訊服務站可以詢問使用者一系列的健康問題，以確認他們在進入各場域前的

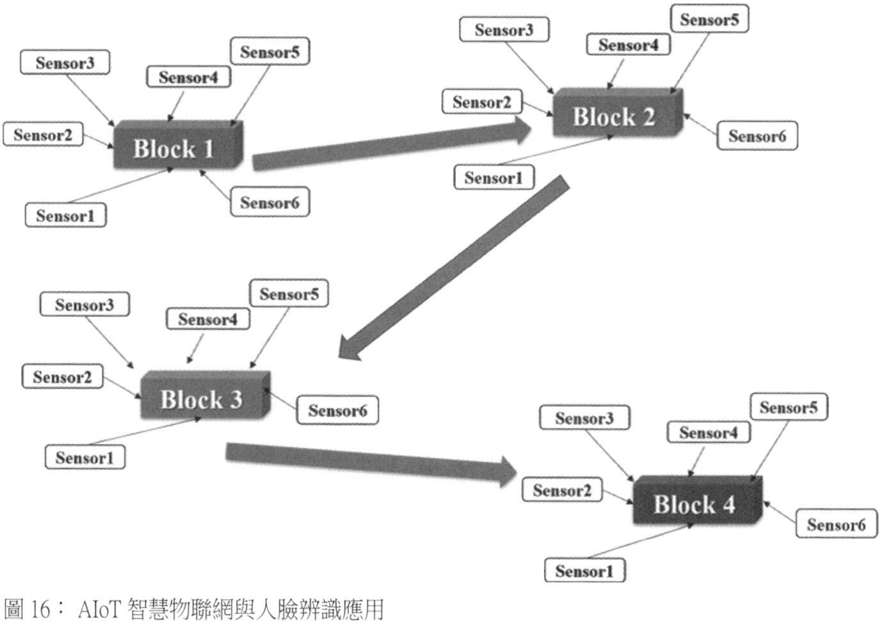

圖 16： AIoT 智慧物聯網與人臉辨識應用

身體狀態。根據使用者的回應，AIoT 裝置會提示下一步回應和應該採取的措施。

安控設備：近年來，以 AIoT 為基礎的裝置已大量建置於住宅和商業場域，以增強安全性和保護性。不論是透過廠商提供的完整服務套件，還是由使用者自行安裝並連接到 Wi-Fi 的裝置，這些解決方案都已經整合以 AI 為基礎的功能，例如動作感測器或防盜警報、可遠端存取控制的門鎖等。提高住家或設施的安全性，並提供強大的居家和遠端安控功能。

電腦視覺技術和 AIoT：在上述 AIoT 使用案例中，我們可以發現使用電腦視覺技術來執行辨識、驗證和進出控制有許多優點。電腦視覺技術中最廣為人知的應用領域是生物辨識，這種技術通常是透過人臉辨識、指紋或虹膜讀取來驗證身份。虹膜辨

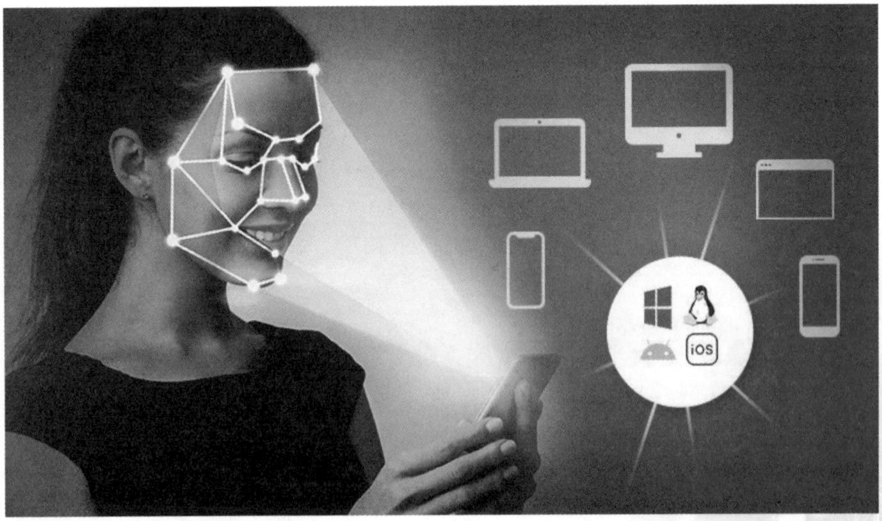

圖 17： AIoT 人臉辨識應用程式

識是透過辨識每個人虹膜中的獨特圖案來驗證身份。人臉辨識技術則是透過辨識臉部的向量特徵和五官，然後將其與資料庫比對。指紋辨識則需透過特定的指紋感應器，用以擷取指紋圖案，再將其與資料庫比對。虹膜辨識的主要顧慮是：用戶必須搭配要價不菲的專屬攝影機。和虹膜辨識相比，市場上有更多可用於執行人臉辨識的攝影機，如個人電腦、行動裝置上的攝影機，都提供了足夠進行人臉辨識的畫質。另一方面，指紋辨識可能引起接觸疑慮，這在 COVID-19 盛行的今日，可能造成病毒散播。此外，手指可能帶有髒污或油脂，導致無法成功辨識，且髒汙更可能造成感應器損壞。在這三個方法中，人臉辨識技術被視為最佳方案，因其兼顧高準確性、靈活性、價格較低和衛生安全。因此，接下來我們將探討人臉辨識是如何強化目前 AIoT 的使用案例。

門禁管理和身分驗證：人臉辨識可以改變獨立住家、公寓大樓或商業設施的門禁管理和監控系統。該技術可以精確、即時地辨識出攝影機前的人員，讓得到授權的人員可以零接觸的方式進出，或是在偵測到阻擋名單人員或入侵者時發送即時警報。將人臉辨識技術整合到員工打卡裝置和門禁系統，不但可以簡化流程、減少錯誤、排除員工共用出入卡片的風險，還能監控是否有未經授權的人員嘗試進入。門禁管理和身分驗證不僅適用於住家和設備保護，也適用於工作場域。試想一個工廠倉庫，許多設備只能由指定人員使用，雖然某些機器需要透過實體鑰匙或數字密碼才能存取，但這兩者都可能被偷或搞丟。如果在機器中導入人臉辨識技術，可讓這些設備僅供指定人員存取，如此不但能降低風險，還能增加安全性和可控性。此外，如果倉庫經理想要設置規則，讓機器僅在工作時間內允許操作，也可以針對這些特定條件來對 AIoT 設備進行程序化管理。

個人化的客戶體驗：人臉辨識有多種應用方式可以用在提升客戶體驗。零售業便是一個很好的使用案例。當實體零售店安裝了人臉辨識 AIoT 裝置，零售商可以對其進行編程以辨識出主動選擇加入的 VIP 客戶，並在客戶出現時通知店員接待。AIoT 裝置還可以用來進行資料分析。在上述的零售案例中，具有人臉辨識功能的 AIoT 裝置可以擷取顧客行為和人口統計資料。裝置可以判斷出顧客是否在某些貨架上露出驚訝或生氣的表情，或是在走過鏡子時露出微笑。人臉辨識技術將擷取這些行為模式，並由 AI 進行分析。之後零售商可以根據這些

圖 18：門禁管理和身分驗證

資料採取應對措施，並重新布置商店以製造更多正向的體驗。

利用 AIoT 驗證身份和防止金融詐騙：其中一個迅速受到歡迎的網路安全使用案例是：電子化認識你的客戶 (eKYC)。人臉辨識提供了迄今為止最準確、最方便的技術，可用來驗證某人的身份並提供雙重驗證，並可應用於包括開設銀行帳戶、申請小額信貸、進行 ATM 交易或行動銀行業務、購買保險服務，以及維護安全的遠端客戶服務。要提供有效的驗證，用戶只需將實時捕捉的臉部畫面與申請過程中掃描的及先前已存檔的有效證件進行匹配即可。

健康資訊服務站及口罩偵測：自疫情開始，在公共和私人場所的個人健康和安全一直是大家的首要考量。口罩也成為每個人的標準配備。在許多場

圖 19： AIoT 身分驗證之個人化的客戶體驗

所甚至規定要配戴口罩才能進入。這讓人臉辨識與健康資訊服務站的合作成為引人注目的 AIoT 使用案例。資訊服務站導入了人臉辨識功能後，可透過攝影機偵測個人是否戴著口罩，以及他們是否配戴正確，即遮住整個鼻子和嘴巴。他們可以使用具有溫測功能的熱感攝影機讀取溫度。這樣可以確保沒人在發燒的狀態下進入場所。這樣的應用可用來准許人員進出管制區域，或向指定的人發送通知以採取任何必要的措施。美國 Municipal Parking Services (MPS) 與 FaceMe® 合作，於 Sentry Health Kiosks ™ 智慧健康偵測站中，導入口罩辨識及人臉辨識功能。Sentry 智慧健康偵測站可於非接觸狀態下，偵測人員體溫、是否正確配戴口罩，並於戴口罩時進行人臉辨識。此外，也可記錄人員透過點頭、搖頭等非接觸動作回答之基礎健康問題。

圖 20： AIoT 健康資訊服務站及口罩偵測

互動式的客戶體驗：前面我們已經討論了人臉辨識和 AIoT 可以帶來更多個人化的客戶體驗。現在，我們將討論這些解決方案如何同時實現互動式的體驗，並對消費者更有利。許多零售商目前面臨的挑戰是如何維持客戶的參與度，並且讓他們能夠享受在店裡的時光。電子看板在購物中心和零售店中越來越受歡迎，因為它們可以透過內容管理系統來提供新式的豐富媒體內容。現在不需要高成本就能將人臉辨識技術建置於電子看板中，如此便能根據觀看者的性別、年齡和心情等因素，動態顯示合適的內容。更棒的是，若是選擇加入會員方案的消費者，還可以根據先前的購買模式和其他收集的資料，為其顯示完全個人化的內容。若加入產品選擇和支付功能，即可將電子看板變成互動式的自助購物機。對於選擇加入酬賓方案的顧客，裝置會自動辨識其面孔以提供完美定制的購物體驗，包括特殊優惠，甚至可視情況進行虛擬試用。顧客還可以用臉來完成購買，實現真正的非接觸式付款。

智慧藥櫃：AIoT 是醫療保健創新的關鍵驅動力，而智慧藥櫃則是未來的趨勢。當導入用於存取管理的人臉辨識功能後，連線的藥品櫃除了能提供迅速、非接觸式和兼顧衛生的身分驗證外，還可提高對管制藥物的安全性和控管。除了其他常見的安全措施（例如：和員工的工作時程同步，僅在允許的時間讓指定人員進行存取），人臉辨識也為這項 AIoT 使用案例帶來巨大的價值。FaceMe® 完美地證明了一個好的邊緣基礎人臉辨識解決方案，可以協助上述的使用案例以及更多其他情況。

FaceMe® 可以輕鬆整合各種裝置，提供市場上最全面的晶片組和操作系統之一。其高度精準的 AI 引擎在美國國家標準暨技術研究院 (NIST) 所做的人臉識別測評中 (FRVT)，排名為全球最精準的辨識引擎之一。FaceMe® 可以部署在多樣化的情境中，包括保全、門禁管理、公共安全、智慧銀行、智慧零售、智慧城市和居家安全。來自台灣的慧誠智醫採用了 FaceMe® 技術，整合於「智慧藥櫃」產品。透過人臉辨識，進行處方用藥之管制，更可結合物聯網技術，建立完整 AIoT 整合照護服務平台。

AIoT 和視覺技術的未來：人臉辨識極有可能是 AIoT 技術未來發展的主要推動力。它讓 AIoT 的解決方案更安全、更智能，且更加人性化。但是，若要發揮全部的潛力，目前仍然存

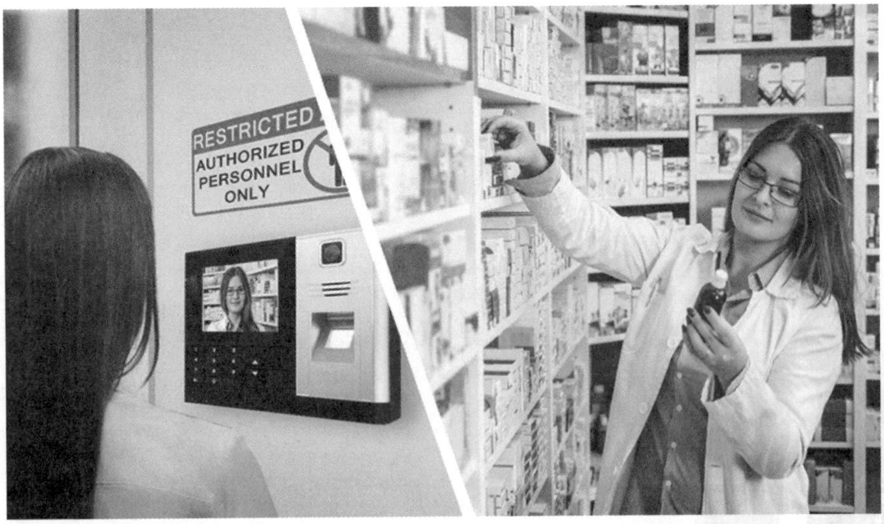

圖 21： AIoT 智慧藥櫃

在著障礙。有些障礙是實體的，例如硬體或固有存在的限制。其他則是社會性的，包括對隱私和資料安全的疑慮。首先，在考量實體限制時，沒有一種固定尺寸、外型的設備能夠顧及各方面的應用。所有企業都有不同的需求和預算，因此應該尋找合適的解決方案。最頂尖的人臉辨識解決方案可以根據企業及其使用案例上的特定需求，選擇適合的 AIoT 設備。另外也得考慮準確度和控制環境，以更有利於人臉辨識技術並增加其吸引力。這意味著要注意會影響準確度的因素，例如照明、相機位置和鏡頭的清潔。而在法規及監理方便，人臉辨識需要更完備的規範，以減低使用者的偏見及疑慮。這並不代表我們應該放棄這項技術。而是需要向大家解釋人臉辨識的眾多好處，例如安全性、便利性，以及提供更新更好的體驗。並且對公共和私人企業進行道德使用方面的教育，並製定適當的法規。好的人臉辨識技術可以為世界做到更多事情。越來越多人對這項技術感興趣。許多技術供應商甚至表示，新冠肺炎的疫情正是這種生物辨識技術以及其透過 AIoT 部署應用的關鍵時刻。我們對人臉辨識的潛力感到興奮不已。我們致力於創新、提供能同時滿足企業和消費者的解決方案，並協助建立安全的非接觸式環境，以及令人驚嘆的全新使用者體驗。

伍、結語

台灣發展人工智慧的挑戰，面臨內需市場規模小，因為台灣屬於淺碟型經濟，先天內需市場小、規模有限，對外貿易依存度高，另外在高齡少子化、國內消費活力降低與國內投資表現低迷態勢下，造成內需市場更加弱化。台灣在國際化能量不足，內需疲弱及國內投資表現低迷，造成國內消費活力降低，人口紅利減少及勞動力下降等因素。目前台灣的薪資成長停滯影響國民可支配所得，國際人才本土化不足。中小企業與全球市場連結度不高，國際連結多建構於代工模式等以上缺點亟需克服與突破。

針對人工智慧物聯網產業優勢的領域發展，例如工業及製造、醫療及健康管理和車用電子進行應用探索，以此創造新興應用，解決產業需求。應用 AIoT 技術養成千人智慧科技菁英，靶向式延攬與留住核心科技人才並且建立彈性、高效能與產業視角的高教軌道。另外的做法為培育萬人智慧應用先鋒，建立 AI 供需產學媒合平台與建立 AI 群眾募智應用平台。此外應該完善生態環境與應用舞台，以發展 AI 創新應用場域，促成 AI 國際聚落成形，最後以建立 AI 終身學習環境，普及 AI 及智慧應用發展為策略。應用人工智慧於各產業應用及生活領域已為趨勢，亦為各國政策重點投入的方向，我國產業更可藉此取得新成長動力。台灣本土內需市場較小、國際化能量有限，但可透過人工智慧創新應用，強化與國際市場的連結，在人工智慧應用創新的過程中，勢將面臨法規相關限制，需動態檢討相關法令規範，並提供更具彈性的創新試煉環境。在智慧科技發展趨勢下，我國仍需從應用需求的角度出發，思考開放資料平台之建置與人工智慧相關軟硬體技術的開發。人才為創新應用的關鍵，宜持續檢討相關法令規範，提供更開放、更彈性的攬才、留才環境，長期需從育才的面向，完善人才佈局。

陸、參考書目

1. 詹文男，人工智慧對台灣產業的影響與策略，財團法人資訊工業策進會，2018，台北。
2. 工業技術研究院，智慧生活，工業技術研究院著作，2020 新竹。
3. 陳昇瑋，人工智慧做創新與轉型，天下雜誌，2020，台北。
4. Simon Tung，AI 如何推動企業管理創新，SAP Taiwan 產業新聞，2020，台北。
5. 陳良基，打造人工智慧創新環境機制，科技部，2017，台北。

6. 產業學院，AIoT 是什麼？人工智慧結合物聯網，再由 5G 通訊傳輸開啟智慧化時代，工業技術研究院著作，2020，新竹。
7. 楊朝棟，AIoT 的智慧應用，科技部，2020，台北。
8. 蔡明朗，人工智慧在物聯網的應用，台灣電信月刊，2019，台北。
9. 裴有恆，陳玟錡，AIoT 人工智慧在物聯網的應用與商機（第二版），碁峰圖書，2020，台北。
10. 松林光男（Mitsuo MATSUBAYASHI），川上正伸（Masanobu KAWAKAMI），圖解智慧工廠：IoT、AI、RPA 如何改變製造業，經濟新潮社，2020，台北。
11. 清威人，智慧工廠：迎戰資訊科技變革，工廠管理的轉型策略，經濟新潮社，2020，台北。
12. 陳昇瑋，溫怡玲，人工智慧在台灣：產業轉型的契機與挑戰，天下雜誌，2019，台北。

第四章

「智」——社會責任與企業經營

LCS
五月花

社會責任與企業經營

龔昶元
國立臺中教育大學國際企業系創系主任

壹、前言——研究緣起

關聖帝君訓示聖凡雙修的生活方式，開啟了現代人生命的能量，以「仁」、「義」、「禮」、「智」、「信」五常德為綱領，引領我們現代人生活從個人修行追求法喜的身體健康、創造通達的人際關係、經營和諧的圓滿家庭進而從建立利益眾生的事業到實現精勤的人生理想，也訓示了正向的依靠信念及圓融的依循方法。在舉世亂象中，一般人面臨諸多的生活中的煩惱，身陷泥淖不能自拔，主因皆在於人性的失依，這時正需要正面能量的引導，從思想、習慣和生活方式中去領悟，學習正向的能量，建立正確觀念與生活態度，進而「利己利人」。關公的「五常導師」理念與精神，正是指引我們透過精進學習在身體健康、人際關係、家庭和諧、事業經營、精進成長五個面向，在生活上獲得改善的密契。五常德導師綱領指出，企業的事業經營要以「智」學習正面的能量，從「利人利己」做起，實行具有社會目的價值之創新作法，是事業能提高利潤，永續

發展的根本之道。

建立利益眾生的事業，也就是公司經營者要實踐「利他」的企業責任，並使之成為一種企業主、員工幹部日常可以依循的正確生活態度。今日的市場潮流與企業經營管理方向已形成新的趨勢，企業經營者必需展現經營的智慧，在賺錢獲利之外，更深遠的思考企業永續生存的能量。其所屬的員工幹部也必須體認到以正向學習的生活態度，建立聖凡雙修的生活方式，促進良好的企業文化，使個人的成長目標與企業永續目標相結合，方能成就「利益眾生」的事業。本文依據關公的信仰—五常德導師在生活上應用的指引，提出現代化企業經營管理實踐關聖帝君訓示的觀念，分別從企業主與員工的角度來提出企業經營善盡社會責任，實踐「智」的經營管理方法與實施準則，不僅學習正向能量，有助企業提升獲利，進而以「利他」為基礎，建立「利益眾生的事業」。

貳、社會責任對企業經營的重要性

一、企業社會責任的內涵

「企業社會責任」，係指企業對社會合於道德的行為與倫理的規範，不只是對股東，特別是指企業在經營上須對所有的利害關係人負責，包括顧客、員工、生意夥伴（上游供應商與下游經銷商）、自然環境與所在社區甚至整個社會負起一定的責任（陳勁甫、許金田，2015）。基本上，企業是在國家和社會裡存在並運作，提供價值予市場上的消費大眾，以達成獲取利潤的目的。企業通常必須雇用員工，使用社會資源，當然也可能會產生許多廢棄物與副產品。所以，企業在社會上扮演著多重的角色。企業的主要目標固然是以賺錢為主，在獲利之餘，也需要承擔所有符合社會價值觀與滿足社會所有活動的義務（Bowen 1953）。

可知企業社會責任是一個很廣泛的概念，包括整個企業對社會應有的道德行為。企業的社會責任是要求企業的行為必須符合現行社會規範、價值和期望，並且藉此行為對於人群與社會有正向的影響（Sethi，1975）。也就是說，企業在衡量績效時，除考慮組織本身的獲利情況外，也同時評估消費大眾的滿意，與對社會福祉的義務，將有利的部分增大，把不利的衝擊降到最低。企業社會責任的內容可區分為經濟、法律、倫理，慈善責任四大類（Carroll，A.，1991)。分述如下：

1. **企業的「經濟責任」，追求利益**：是指企業應生產有價值的商品和服務予顧客，且要提供獲利報酬給與其利益關係人，包括企業所有權人、股東及幹部員工。企業是營利組織，企業的主要責任在於為全體股東獲取利潤；企業成立的根據是盈利，經濟責任是最基本也是最重要的社會責任，也是其他屬性企業社會責任之基礎，若此不存在，則無法實現其他的企業社會責任。所以企業從商品或服務的交易中創造利潤分享與利益關係人是企業的最基本責任。企業經濟責任可從投資人、消費者、及員工三方面來說。

(1) **對投資人的責任**：是指透過投資企業股票，成為企業主要資金來源的人。投資者在投資企業時，無可避免的會承擔許多風險。例如，Google 投資者，因為企業獲利可觀，現在已是名利雙收；而台灣曾發生博達公司的高層掏空的經營弊案事件，投資博達公司的民眾，其股票變成壁紙，造成巨大的損失。企業經營者應盡的責任是致力於提升企業價值的各項營利活動，以促進股票升值，回饋全體股東股利，讓投資者獲得適當報酬，以善盡經濟責任。另方面，企業必須誠實、負責任，才能確保投資人的心血不會白流。

(2) **消費者**：是指購買企業提供的產品與服務，使企業獲得生存所需的收入與利潤的人。企業對於消費者的責任是不能以不公平的手段，如壟斷囤積貨品、不當競爭或哄抬價格等方式剝削消費大眾，要以公平合理的價格提供消費者所需要的商品。企業應該了解顧客的欲望與需求，以顧客導向為考量，設計能夠滿足這些需求與欲望的產品或服務。重視消費者的安全，在正常使用產品的狀況下，可以安心不受損害。例如：自助餐店不使用私宰肉，選用 CAS 優良肉品等。要能主動溝通消費者有關產品或服務的實際狀況，對消費者的疑問提出回應，尊重消費者的權利，以客為尊，保障消費者有多類的產品與服務，在具有競爭力的價格下選擇等。

例如：食品的包裝應標示產品原料與營養成分（反式脂肪），門號可攜讓消費者在手機費率上有更多選擇，提供消費者申訴的管道方式等。

(3) **對待內部員工**：員工是指在企業內工作的勞動人力。員工對企業的期望是在公司內做一份有意義的工作；因其付出心力勞力貢獻而獲得與付出或績效相當的報酬；期望能在公司內安身立命，並圓滿的完成工作。所以企業應提供安定的工作環境，使員工能因其勞心勞力貢獻智慧而獲得穩定的回饋報酬，提供其生活保障。這些具體上可以包括：企業應儘量讓工作有意義，工作擴大化、工作豐富化；重視員工職能提升的訓練與發展，這也可以提升員工的生產力促進工作效率。企業無法保證可以終身雇用員工，因此也要為他們未來的職涯發展設想。

2. **企業的「法律責任」，行事遵守法律**：即是要求企業應依照政府的法令規章要求下進行營運。法律可視為社會對企業責任規範出的一個底線，所有企業在達成經濟責任的同時，亦有責任遵守法律架構。任何企業行為僅能在法律的許可的架構下實現其經濟的營利目的。法律責任是企業體系行為的基本規範，也是商業組織必須要盡的義務。同時，企業的各項運作都牽涉到所有股東的集體利益，理論上企業是取得股東的委託而代理營運，而多數的股東不容易隨時可監督企業營運，如企業經營者不遵照法律規定行事，則公司高層主管即很容易利用職務之便，違反誠信代理人的原則，進行非法行為以謀取私利。例如近年來發生有許多公司的經理人在股市進行內線交易；也有一些不法的企業直接將未經處理的有毒的廢棄物任意排放或丟棄等，最後都受到司法的懲處，此皆是企業違反法律責任的行為。此外，值得重視的是，法律並非靜止，企業必須與時俱進，在全球化時代，企業不僅要遵守國內的法律規定，也需要注意國外法規的變化與規定，作為企業營運的依據。例如，近年來網路的傳播普及，這牽涉到個人的隱私權、著作權、廣告圖文侵犯、抄襲、及網路犯罪等法律規範，企業必須留意其相關規定。

3. **企業的「倫理責任」，行事符合倫理要求**：企業行為合於法令規定是最低的道德標準，不違法不等於合宜，有些事物並非現行法律所要求的，也沒有具體的規範在法條中，但企業的利益關係人仍期待企業有義務去遵循那些正確、恰當與避免傷害，而尚未成為法律的額外事務。這些期待可能呈現於某些規範的價值標準，有助於滿足或保護利益關係人（股東、員工、消費者等）的權益。目前多數國家政府輿論普遍認為不應該雇用童工，可是某些經濟條件相對較差的落後國家地區法令規定還是可以雇用童工，這明顯與世界多數的價值標準不合，企業就應該遵守更高的普世道德價值標準，超越法律責任，有所不為。例如瑞典的全球企業IKEA，其創辦人 Ingvar Kamprad 提出「一個家具商的誓約」企業的九條規定作為企業的行為準則，其中有載明對於其供應商禁止使用童工的要求，如有違反即終止合作關係。然而還是無法防止這些供應商的違法行為，因此IKEA採取更積極的作法與供應商一起面對問題，以簽訂長期契約的實際行動與供應商建立更深厚的合作關係，提供供應商技術與知識，建立其正確的觀念，協助落後國家地區建立更好的教育環境，興建學校，參與兒童教育活動改善他們的生活環境，根本解決問題。

霍華．修茲道德也推出道德採購計畫，要求必須採購產品符合星巴克「CAFÉ」審核標準的供應商。包括，除了要通過產品品質的要求外，還要證明其咖啡的來源必須是直接購自農夫，而不是經銷商、且透過第三方稽核供應商的雇用是否能符合最低薪資要求，禁止強迫勞動，以確保提供安全的工作場所環境、能提升生活品質的人性化工作條件；減少農藥使用、水質保護、廢棄物的處理方式等。上述計畫實施普遍受到投資人、消費者、員工的肯定，使星巴克咖啡收益和淨利在2014年時達到歷史新高，成長了160%以上，成為世界上最賺錢的公司之一。這是實踐企業社會責任帶來得效益。

4. **企業「慈善責任」，成為優良企業公民**：這也可稱為是企業自由裁量的責任，社會通常還對企業寄予一些沒有或無法明確表達清楚的期望，是否承擔或應承擔責任，該做什麼、如何行動，社會並沒有給予企業清楚的訊息，這是完全自願的行為；此與倫理責任最大的區別在於其行動並非基於特定的倫理規範或道德約束，而是完全由個人或企業自行判斷和選擇的行為。

例如企業自願的提供資源以促進社區生活品質與福利，慈善捐贈等及各項公益活動，持續承擔企業公民責任，支持重要的非營利組織，協助社會與國家的發展。進而成為對社會福祉有正面貢獻的優良「企業公民」。

基於上述，企業永續經營與社會責任的實踐密不可分，這正符合關聖帝君的修行訓示：企業的經營要以「智」建立「利己」、「利他」的要旨。因此企業如能精研關聖帝君訓示的事業經營修行理念與五常德教育的實踐策略要義，必能成就「利益眾生事業」。

關聖帝君的修行要法是以聖凡雙修為基礎，達成「神人合一」的修行，協助門下生的人生觀與工作事業經營能力不斷提升，注重人與人之間的和諧與廣結善緣的重要（關聖帝君教門『玄門真宗』的修行功課，2013），要求注重事業經營品德，將事業經營理念納入聖凡雙修的功課，強調「修之行之」的實踐精神。對於企業經營的要旨即在於以「智」建立「利己」、「利他」兼容並蓄的「利益眾生事業」，企業經營要有利於眾生，具體的實踐除了提供社會有價值的產品與服務外，更需要實踐「企業社會責任」，以利益眾生。

企業除了追求利潤、擴展投資及增加股東財富外，同時應兼顧社會正義，善盡社會責任，為社會謀取最大福利，也就是說，「做生意除了追求最大的利潤，也要兼顧社會和道德責任」作為一種信念，由來已久，近年來更逐漸受到各界的重視，成為一種社會潮流。隨著經濟發展、社會的演進，企業履行社會責任已是眾所矚目，且為企業不得不正視的問題。近年來一些地區恐怖活動、金融危機全球化，國際社會普遍缺乏安全感，企業的社會責任角色也就更顯得迫切。

企業社會責任發展之趨動力主要來自於外部的壓力。今日企業經營除了要其善盡「社會公民」的義務以符合社會大眾的主流觀念及期待之外，更應積極關切大眾期盼企業能解決的社會問題，對眾生的需求主動予以回應。2015 年英國標準石油公司（BP）在墨西哥灣因設備與操作管理不當發生漏油，危害了整個海灣的生態，對當地環境造成巨大的危害。事件發生後，輿論、民眾群起撻伐，最後公司被要求必需支付美國聯邦政府和五個州政府約台幣五千八百多億元的賠償和解金。經此次事件後，英國石油公司為善盡社會責任，將此次事件的善後處理資訊公開透明化，每年都會將此事件後續的處理狀況揭露於永續報告中，將所有事件資訊公開透明化。跨國企業 NIKE 在海外的鞋類代工製造廠，也曾經發生血汗工廠事件；麥當勞速食餐廳販售的食物導致消費者肥胖，危及健康等事件；類此種種現象皆顯示企業經營與社會、群眾的關係日趨複雜。當這些國際知名企業在發生負面問題時，面對廣大消費者、環境及社會負起改善的責任；在積極持續追蹤處理並將處理過程公開透明化後，都能取得社會大眾諒解。這些公司誠實、負責任的作為，提升了在社會大眾心中的品牌形象，成為企業社會責任被廣泛運用及發展在許多企業推廣上的另一種行銷的典範。顯示企業在此關鍵時刻，有必要認真的面對社會環境的變動，需要在追求利潤的同時也應積極對社會貢獻心力，善盡社會責任；消極上，避免企業經營的「失依」，化解企業經營危機，積極而言，提升企業競爭力，解決社會問題，促進永續經營。

我國有少數企業因為發生食安問題造成社會負面影響，政府因而做出政策，要求企業經營業者必須撰寫企業社會責任報告。由此可見我國政府已逐漸重視企業社會責任的執行，雖然相對於國外我國起步較慢，但是已建立企業社會責任的重要里程碑。近年來，天下雜誌與元大寶來投信協助編製天下企業社會責任（CSR）指數，以供企業檢視社會責任執行狀況，說明企業能否有效執行社會責任，在未來是項投資人重要的參考指標。因此，企業實踐社會責任，已成為建立競爭優勢的重要來源，尤其是在現代環境變化多端與競爭激烈的環境中，是企業重要且有效的經策略（Loosemore and Phua，2010），提升競爭優勢的主要手段，更可以透過社會責任的實踐，同時增加企業利潤與社會良性發展。企業的社會責任是企業經營者經營理念價值的重要一環，也應納入經營目的。企業透過追求利潤，達成增進並具體貢獻社會公共福利的正向思考，是21世紀現代企業所應遵循且刻不容緩之課題。企業經營如能善盡社會責任，與社會保持良性的互動，則該企業愈有長期生存的優勢與保有永續經營的競爭力。

二、實踐社會責任是企業永續經營的重要基石

企業社會責任的實踐對經營有下列的重要性：

1. **提升企業的形象、增強品牌知名度**：企業實踐社會責任對於企業形象的提升有相當正面的影響，且有助公司的競爭優勢，愈能取得品牌的優勢、社會形象及獲利能力都能因此而成長（Zairi and Peter，2002）。企業經營以此為依循規範，採取措施具體實踐社會責任的，積極與不同的社會團體接觸，瞭解其需要，運用企業資源來提升股東價值，謀求人類利益福祉和提升整個社會公益；不僅能取得社會大眾的信任，也會因消費大眾的口碑傳播而提升形象，使品牌更有價值，獲得更高的品牌忠誠度。例如跨國企業如 HP 電腦、美體小舖（Body shop）、麥當勞速食、嬌生公司等，都主動積極的倡導環境保護、資源節約與回收、減少動物實驗及致力於降低犯罪、文盲、貧窮等社會運動，也獲得廣大的社會大眾肯定，公司的品牌知名度自然廣泛的被宣傳，對於企業與社會都有正面幫助。

公司進行慈善活動及有利大眾的行為，會有較好的企業聲譽，也能因而提升其企業形象，在社會大眾的心目中也會主觀的對企業進行的各項活動產生良好的印象，這也是企業具有吸引力的重要因素與基礎（Riordan et al.，1997）。因此，企業實踐社會責任，不僅是因應國際潮流趨勢，更能增強品牌知名度，提升企業形象，形成市場的競爭優勢。其中的哲學奧理，正如關聖帝君訓示的「五常德」密契所指引，人生處事要重仁義、講誠信，不以小利為利，凡事以「禮」待人，以「義」應事一直深植人心。企業能重仁義、講誠信，自然能贏得社會大眾的肯定與信賴，形象獲得比公司財務成功更豐碩的成果。

2. **贏得客戶與大眾信任，降低經營活動的不確定性與糾紛**：產業界常有「無奸不商」、「人無橫財不發」的觀念，似乎企業為了賺取利潤可以不擇手段，也不履行社會責任；實際上，這是以往的錯誤觀念，也違背了「五常德」要「利人利己」「利益眾生」的信念。要知道，現代的消費者愈來愈重視與要求企業應遵守倫理道德，實踐社會責任。二十一世紀企業經營應認知「賺取利潤」不再是企業的一切，「利人利己」實踐社會責任，才是企業獲取利潤，永續經營的重要因素。如為了賺取利潤而欺騙消費者，畢竟不會長久，也讓經營帶來不確定的因素，衍生許多糾紛，此絕非企業長久生存之道。例如台灣頂新食品公司的食安事件，不僅不利於眾生，也賠上了社會大眾過去對該公司的信任，導致退出台灣市場的經營，損人不利己，得不償失。

要知道，企業的利潤，除了來自於企業本身經營結果外，有許多更是來自於外在環境的改善，例如企業經營所需的水利、電力、道路運輸交通、國家技術人才資本培育等，多來自於政府以納稅人的錢所進行的基礎建設補貼。而且，有廣大消費者的支持，對公司的信賴度增加，企業才能有營收與利潤。企業如果要長期經營，當然必須關心社會與其周遭環境，以及應負的社會責任，企業也能實踐關聖帝君教義，成為社會大眾依循的光明力量，得到正確圓融成就的「依靠」。

3. **凝聚公司向心力，避免企業造成危機**：過去，許多企業經常忽視社會責任與經營發展的重要性；實際上，重視社會責任，訂有倫理規範的公司，往往能提供較為合理的工作環境，建立良好的勞資關係，且能激勵員工士氣；員工的工作滿意度也較高。企業的行事風格，會影響到員工幹部對於公司的向心力與士氣，公司在招募及甄選員工時，其企業社會責任的表現會是其是否能吸引優秀人才為組織效力的重要因素，因為許多員工會將此項指標視為是否此公司值得信任的重要歸類判別考量。

一項研究發現，有接近58％的員工認為企業對社會環境與責任表現，是他們考量是否值得為公司努力奉獻的主要原因（Dawkins，2004）。主要是因為重視實踐社會責任與倫理實踐的公司，可以吸引更多具能力的員工為公司效力，而內部的員工幹部也更能信任與認同公司，員工幹部的忠誠度與向心力增加，當公司遇上經營危機時，內部的員工凝聚力也有助於全體員工同舟共濟順利度過危機；進而可提昇企業的營運績效，有利永續經營。

從近年來國內外發生的許多弊端，如美國的恩隆事件、雷曼兄弟的次級房貸事件所造成的金融危機；2004年台灣博達公司的經營弊案，該公司根本沒賺錢，卻作假交易炒高股價吸引投資人進場後，高階經營者藉機淘空公司資金。以及頂新公司的食用油事件、中國三鹿集團造成的奶粉污染等，這些公司的弊端，皆導因於企業忽視社會責任，缺乏利益眾生的觀念，還有公司高階主管濫用權力、內部交易、虛報營收、作假帳、欺騙投資人，只顧謀取利益，忽視社會大眾的利益。不重視社會責任，造成社會的安全危害，不但重創社會，也傷害了自己的公司，導致經營危機。

基於上述，企業實踐社會責任是企業成長的行為規範，也是企業永續經營發展的方向指引。企業經營安身立命的基礎就在於重視企業倫理與履行社會責任。從歐美國家發展企業社會責任的經驗，有愈來愈多的研究顯示，企業善盡社會責任與其財務績效有顯著的正相關，也就是，愈能實踐社會責任行為的企業，其財務績效表現愈好。愈早實踐企業責任的公司，社會形象及獲利能力都能因此而成長（李秀英，劉俊儒，楊筱翎，2011）。

從「利己」的經營做起，到「利他」的「利益眾生」事業。不僅可提升企業競爭優勢，更可以避免企業危機的產生，強化永續生存的企業形象。以下即以關聖帝君訓示的仁、義、禮、智、信五常德教義為基礎，闡述企業如何遵循五常德導師「聖凡雙修」的生活方式實際融入於經營策略，實踐社會責任，實現「利益眾生」事業之道。

參、社會責任的實踐之道—企業主的角度

五常導師的功課指出，「每一個人的生命都有特別的方向軌跡，能量根源」，同理企業的發展也應依循正面能量的軌跡。以「仁」賺錢，工作以「義」，生活以「禮」作為家庭經營之道，「智」的使命在於「利益眾生」，而企業經營的「智」，就是要以「建立利益眾生」的事業為依循準則。換言之，只要是以「人」為本的公司，就應落實企業社會責任，若企業的經營者僅以賺錢營利為目的，忽視對於周遭的社會關懷，不願履行社會責任，將無所依循，無益於眾生，會被現代多元社會中的消費者所唾棄。關公的「五常導師」的精神內涵已揭示了企業經營者具體落實社會責任的方向、改善的原則與方法（聖凡雙修的生活方式實踐策略論壇研討會論文集，2020）。

首先，經營者應從從思想、習慣和生活方式開始學習正面的能量，從「利人利己」做起，遵循「五常導師」精神內涵的訓示，以誠心體認五常教義，融入於生活方式中，使之養成正確的生活態度，開啟生命的能量，先以服務、幫助來啟發個人的自我成長，日常業務中發揮幫助者、引導者的功能角色，引領整個企業組織激發正面的學習能量進而影響公司內的主管、幹部、工作伙伴同仁的思維；以關公「五常精神」來塑造企業文化與「利他」的經營價值觀，形成目標實踐的共識，推動於內部的政策、制度、及組織績效。當領導者有強烈的企圖心來依循「五常導師」精義，

以承擔「人間導師」重任為自我期許，引領企業建立「利他」事業時，公司的員工幹部方能有正確的依循準則來追求自我成長與正向能量的學習。則推動「利他」的企業經營將如水到渠成。

台灣的天下雜誌有鑑於企業社會責任逐漸獲得大眾的重視，於 2007 年參考國際對於企業社會責任的評量指標與方式，提出以構成社會責任因素的四大構面，來衡量台灣最佳企業公民，即是企業實現社會責任的衡量標準指標。包括：

1. **「公司治理」**：公司董事會的獨立性及透明度、風險及危機管理等。
2. **「企業承諾」**：對人力資本的重視、人才吸引與運用、消費者的承諾，對員工的培育照顧，公司對研發創新的承諾。
3. **「社會參與」**：企業是否長期投入特定議題，且發揮影響力。
4. **「環境保護」**：企業在環保節能上是否具有具體目標與作法？藉以評估公司影響的環境生態效益、環境衝擊、氣候策略。

這四大構面是檢視企業實踐社會責任的指標，也是建立「利他」事業的重要基礎。對企業主而言，企業經營要成功永續發展，四大指標各面向都要用功，先建構各指標的基礎制度，進而發展出適合企業本身特性的管理實務和實踐模式。茲敘述企業經營者領導公司融入「五常」精神原則的政策指引，有效落實社會責任的策略執行作法如下：

一、運用「智」的思維在經營理念上建立經濟利潤與社會責任兼顧的「利益眾生」事業：

經營策略以獲利與企業社會責任並重為基礎，結合公司理念、核心能力與企業責任於經營任務上。即是企業的策略、產品或服務的承諾要能符合社會利益與大眾需求，發展真正對社會有益並且能為大眾提供價值的產品。公司的核心價值、經營理念、發展的策略要能符合社會價值的期待，經營企業推動執行各項企業策略時要能運用符合道德的策略，遵守道德原則。持續關注社會發展趨勢對社會帶來的衝擊，並掌握社會關心的環保節能、防治環境污染、食品安全要求、民眾健康保障、社會弱勢的關懷等課題。例如，台達電創辦人鄭崇華董事長，明確宣示將社會責任精神納入其企業文化，具體設置「企業社會責任」委員會，要求執行相關專案時一定要將社會責任納入考量。董事長親自監督各事業部旗下各事業部實施情形，同時也輔導其上游供應商共同落實企業社會責任的標準，展現台達電的執行決心；台達電並進一步成立「企業社會責任」管理董事會，徹底將企業社會責任融入公司文化中，定期彙整資訊將實施狀況告知客戶，因此也獲得國外客戶 SONY、HP、IBM 等客戶大廠的肯定，成為長期合作夥伴。（陳振祥，林豐智，2007）。

此外，美國奇異（GE）公司，是全球知名的跨國企業，產品和服務包括醫療保健、航太、能源、電力生產與輸送、鐵路運輸設備、水資源處理及照明等，奇異在經營定位上都宣示：以「想像力與創新來解決世界最困難的問題，造福大眾」。德國的西門子集團是奇異公司的主要競爭對手，也是全球設有 140 個國家設有據點的跨國公司，產品與服務營運領域涵蓋能源、醫療保健、鐵路運輸系統、電力供應設備、營建、資訊科技、運輸物流管理及物流相關基礎建設等。西門子的經營價值訴求是「以創新回應社會最困難挑戰的領航者，為社會創造永續價值」。這兩家公司的產品與服務皆與民眾生活、社會利益息息相關；因此其經營核心價值與核心理念的承諾都以社會的永續價值為優先考量。

又如雀巢公司配合印度政府的政策在遮普邦省（Punjab）的摩加 (Moga) 投資設廠，採取從上游的供應端提升農民生活條件創造當地社會附加價值的方式，協助他們改善當地的灌溉方式、乳牛飼養方法、牛奶的儲存技術等，以提升當地牛乳生產品質，成立牛奶採購中心，增加當地人購買乳品的經濟能力。不僅提升了雀巢公司的經濟收益，改善農民的生活環境，也成功拓展當地的乳品市場。

近年來，因應環境保護的要求，google、臉書、微軟等大量用水的企業在經營策略上都宣示了達成「水正效益」（water positive）的目標行動。這項活動主要是以類似「淨零排碳」的作法，從根本減少營運業務的用水量，投入保護水文地帶，使回補環境的水，比公司本身用掉的水還多。Google 在美國喬治亞州的數據中心使用回收廢水進行冷卻；同時也在愛爾蘭都柏林協助安裝雨水收集系統，減少暴雨突然帶給河川大流量、造成混濁，以改善利菲河和都柏林灣的水質；在洛杉磯，則協助消除嗜水的入侵植物物種，改善附近山脈的生態系統。臉書也將回收水重複利用，並開發出引進空氣來冷卻電腦的方法，有關「補水」的做法是在其位於猶他州老鷹山的數據中心，與當地市政府和非營利機構合作，投資並購買水權，確保兩百萬立方公尺的水整個夏天都留在附近的普羅沃河裡，幫助水生動物生長。微軟則是把小型數據中心浸在蘇格蘭海岸寒冷的海水中，進行冷卻，以達省水的效果。另外也跟 Google 一樣，善用其專長，協助各地開發出能觀察和預測水資源短缺的系統。

從這三家企業的保護環境的作法顯示，企業的保護環境永續行動，從本身帶來的問題和擅長的事情做起會是最有效的作法（商業週刊，2021 年 9 月 27 日）。星巴克咖啡將推動「公平交易咖啡交易運動」納入其經營策略的執行，在衣索匹亞設立「非洲農民支援中心」，協助當地農民改良咖啡種植技術。由於生產品質的改善，不僅提升星巴克咖啡營運的經濟效益，促進了衣索匹亞的咖啡產業效益。星巴克和雀巢公司成功的將企業社會責任納入經營策略的理念價值思維中，不但落實改善落後地區農民生活條件與收益的社會責任，同時也因農民產品生產技術提升大幅提高了企業獲利，擴大其產品市場。

二、以「信」為使命，持續改善生產方式及提升產品品質，實現企業提供眾生高品質商品或服務的承諾：

即是公司將「企業社會責任」的特定標準落實於產品與服務產出過程的價值鏈活動上。解決供應鏈中成本高或是對社會造成傷害的問題。社會大眾對於企業生產價值鏈活動的社會責任要求愈來愈重視，公司的經營當然必須回應。企業經營者可以透過改造價值鏈活動中的某些關鍵流程來整合資源運用，促進資源互補的綜效，以獲得更好的產品品質、流程效率等；在此基礎上，企業將可以在同時獲取經濟效益與落實重要的社會責任工作。可以執行的作法方向包括：

1. **改變採購模式**：例如雀巢公司以共創價值的採購模式取代過去以壓低供應商價格為主的採購方式。藉由提供融資、分享種植技術，協助咖啡小農改善咖啡品質，增加產量，種植者收入得以成長，進而形成良性循環，也帶動了整個產銷環境的改善，跳脫了零和競爭的惡性循環。
2. **持續改善生產活動，提升產品品質**：例如：麥當勞宣示改善其食品生產製程，嚴格控制油品、奶製品等產品品質，以保障消費者健康和飲食。2004 年 Intel 公司為了降低環境的污染，宣布將其生產的處理器含鉛量降低 95%。這些知名企業皆展現其改善生產活動與產品品質以強化對於消費大眾的企業社會責任的承諾。

3. **使用更環保、節能，減少消耗的原料與增加物流運輸效益**：企業經營者應思考運用多元的方法與技術、革新原料使用、改變產品包裝方式、擴大資源回收與利用效率，在價值活動的流程中，提昇能源使用效率以創造節能減碳、回收利用資源等價值效益，並進一步將此效益擴大到供應商和配銷商的價值鏈活動上。例如跨國企業陶氏化學公司（Dow Chemical）推動的節約措施，其工廠的淡水使用量減少10億加侖。運輸物流公司DHL推動「綠色物流」（GoGreen）方案，和客戶共同研究改善物流運輸的路線與方式，提供顧客碳儀表版、里程追蹤、碳排放統計報告，改善整個物流運輸價值鏈等，達到減碳的環保節能目的，也因而降低了營運成本。日本松下電器公司提出綠色產品概念，要求其出廠的產品從設計、採購、製造至回收等價值活動過程的生命週期皆必須符合環保概念與標準，並訂定嚴格的執行指標，以達到節能環保的效果。

三、善待員工，建立以「義」、「禮」為本的工作準則：

五常導師的事業經營課程指出：企業主經營公司「義」的行為表現在於對正確的事以身作則，具體呈現「同理心」。要能遵守勞工法制，使員工能在工作上有所依循，制訂員工的幸福法則，改善工作環境，使員工能安心的工作，形塑幸福事業。「禮」則是指在生活上關懷員工的身心健康，讓員工能做好時間管理，以有效率的方式安排適當的工作與生活作息分配，促進員工樂在生活，達成智慧的人生。（五常導師課程認證：蘊藏在人類中的根本密契講義，民國 109 年）。亦即公司經營者在政策與制度上以重視員工福利為依歸。「人才」是企業最重要的資本，一個公司所擁有的土地、廠房、機器、辦公設備器具等有形資產再豐富，如沒有優秀的員工，仍然無法創造利潤。

企業經營要能達成營運績效目標，永續發展必須有優秀的人才願意為公司效力。善待員工幹部，盡力照顧員工，促進員工的公民行為意識，是凝聚企業內部向心力，提升執行力的關鍵成功因素。公司經營者照顧員工幹部福利的具體執行方式甚多，在正常的薪資福利基礎上，可以思考能激勵員工工作士氣，增加員工生活品質與便利的各項方案，從生老病死公司都能給予員工妥善的照顧方案。例如，員工工作滿一定的年數即可享有較長的帶薪休假，女性員工給一年產假，修養期間仍發半薪，男性員工給予陪產假、創設托兒中心解決員工子女托育問題等。

台南璨揚企業是台灣最大的卡、拖車燈製造商。黃文獻董事長，把員工當作家人般對待。依照《身心障礙者權益保障法》規定，璨揚公司本來僅需進用5名身障者，黃董事長超額雇用21名聽障員工，實踐企業社會責任。曾有一名行動、思考較遲緩的工作者，連騎單車也不會，求職四處碰壁，黃董事長展現接納之意，此員工做清潔作業，一待就是20多年。黃董事長視員工為家人，以身作則；員工穿制服、他跟著穿；員工集體用餐，他坐在一起跟著吃，與員工共甘苦。看到自己有停車位，員工的車輛，卻停在街道上日曬雨淋，立即斥資1億元將地下室修整成停車場，使員工得以方便停車。當部屬碰上困難，更不遺餘力支援，提供無息借款制度，前後下來，至少幫助20多員工舒緩經濟壓力。領導者應秉持善意，並傳達給員工，才能獲得部屬肯定。黃董事長重視環保，也想推廣這個觀念。璨揚的做法是每天提供免費團膳，並提供餐盤、餐具，減少免洗筷、塑膠袋；讓員工不必花錢、花時間，就能實踐環保，也能感受到老闆的理念，因而認同環保的重要。以「利他」的心，渲染到周遭的人身上。因而公司員工每年都願意主動捐款給弱勢團體。璨揚公司透過企業經營者持續散發正向訊息，建立員工對公司的好感度，形成共同理念，積極工作，最後受益的仍是企業本身。除了運用企業資源幫助員工，還以同理心，秉持善念，散播利他精神，發揮到其他公司上。每天上午整潔環境時，黃董事長會請大家先掃「對面公司的牆角」，因為從自己眼中看出去，就是別人的門面，當對方環境整齊，就會意識到自己的區域要更乾淨；長久下來，附近的企業都很喜歡和璨揚公司當鄰居。黃董事長強調：「尊重每一個人，就能看見員工的價值。」「老闆把自己當雇主，就會論及權力大小；把員工看成家人，眾人才會共同扛責。」、「每個人都有長才，當企業賺錢時，要懂得幫助更多人，讓弱勢族群享有工作權，這是最基本的道理」。璨揚公司從草創期僅數名成員，迄今達到500多位員工，近三年的平均離職率只有0.91%。這是因為企業經營者以「同理心」以身作則實踐社會責任。（盧廷羲，2018）。

有些公司常以低薪、縮減福利的方式，希望能節省營運成本，藉此創造最大利潤。事實上，經營者以「義」的胸懷，視員工為家人，提供合理的薪資福利，安全的工作環境，健康保障，訓練發展及升遷機會，對企業生產力的提升是有效的。一旦員工缺勤、怠工、健康不佳造成生產效率下滑反而得不償失。晶華大飯店建立「以人為本的學習文化」的企業核心價值，塑造「有快樂的員工才有滿意的顧客」的經營理念。具體的實踐方式是員工滿職一年，可變小股東；以鼓勵員工學習；建立良好的員工福利制度，包括：免費用餐，員工旅遊、住宿、慶生、三節獎金等，還提供員工獨享的全球四季住房福利制度。例如，2008 年星巴克咖啡的執行長霍華・修茲提出對於其內部員工照顧的計畫包括：提供員工入股的制度，將員工視為合作夥伴，依記錄顯示 2013 年發放的股權獎勵達 2.3 億美元，且提高公司內的咖啡調理師與店經理的薪酬；提供員工醫療津貼，為兼職員工也提供相當優渥的福利；也提出「大學學歷計畫」，只要每週工作超過20小時的員工，即可申請上大學的學費補助。以此實踐對員工的社會責任。

四、以「仁」的兼善天下胸懷，帶領企業積極參與社區公益活動，凝聚互助合作的服務意識：

家庭與社區是整個社會組成的基礎，大眾生活的基本元素，企業可以透過參與社區的公益活動，營造善因的互動，帶動公眾參與服務，讓在地的產業聚落順利發展，提升社會整體競爭力；這也是社會責任重要的一個環節。例如台積電等企業即成立各種志工服務隊，積極參與各項教育、藝文、環境美化、公益等活動，假日到科博館做導覽服務，利用週末擔任新竹地區偏遠小學的導讀志工等。例如微軟、嬌生公司等採取長期資助各類型的社區藝術、社會福利、慈善活動及環境計畫。

麥當勞公司在全球25個國家推出贊助240個以上「麥當勞之家」計畫，為在鄰近醫院接受治療的重病兒童的家人提供一個家，防止虐待和忽略兒童，參與地方社區服務活動。製藥業領導廠商葛蘭素公司捐贈藥物給低度開發的國家，給予很大的折扣等慈善活動。這些都是針對社會弱勢的關懷，積極參與社區公益活動，凝聚互助合作的表現。以心中有愛的「仁」落實各項環保政策，推廣友善自然環境活動：企業的經營活動應重視保護或強化環境；就社會責任的觀點而言，企業經營者有義務做環境的管理人，應投入時間、資金運用有效的技術執行維護環保標準的活動來改善環境，去除企業經營活動對環境所造成的不利衝擊。

英國的零售商B＆Q積極參與回收計畫、採納節約能源的做法，支持地方的淨水活動等，也帶動其供應商採取更嚴格的環境保護作法。環境的保護愈來愈趨重要，過去企業一般的經營觀念，將獲利視為第一要務，都認為重視環保會耗費大量的成本負擔，降低營收。然而近年來，資源開發造成大地環境污染，生態破壞，甚而影響眾生身體健康；人們環保意識抬頭，環境保護相關議題逐漸受到大眾的關切。企業的經營理念也必須調整，不能僅以營利作為唯一目標，企業根本解決之道，乃在於依循五常德的「仁」，經營者以心中有愛，以愛眾生、愛社會、愛環境為出發點，在生產營利的同時，將自然環境的保護融入公司的經營政策。

台達電子的企業總部堅持環保的建築設計，採光使用大量的太陽光，調整生產線，以減少生產製程帶來的污染問題，且投入大量的資源於環保節能的推廣與教育上。公司努力推動環保的作為，雖然生產成本提高，卻也獲得更多國外客戶的肯定，帶來大量的訂單。此外，企業經營者可以以成立公益形象基金會的形式，具體推動社會責任價值。例如中華汽車成立「中華汽車原住民文教基金會」，整合各界資源協助原住民改善教育與文化環境，提升其生活品質。統一集團的 7-11 在 2002 年成立 7-ELEVEN 綠色基金，其門市販售 1 元購物袋收入全部提撥作為推動環保活動的經費，並每年編列 500 萬元作為拯救台灣濕地植物的經費及活動推廣。微軟企業創辦人比爾・蓋茲成立 Gates 基金會以推動各項公益活動，解決社會問題。過去許多企業設立基金會大抵係以節稅為主要目的，現在的企業除了有形的節稅效益之外，最主要的是要承擔社會責任。公司可藉由基金會舉辦或贊助公益活動，以「推己及人」的「仁」來「兼善天下」，實踐關公的教義，也提升企業的公益形象。

肆、社會責任的實踐之道－員工的角度

實踐企業的社會責任除了經營者的領導方案之外，也必須要公司全體員工的支持與推動，才能有效執行，達成目標。在此謹以關聖帝君「五常導師課程」內涵訓示的觀點闡釋員工應有的作為如下：

一、建立「利己利人」的工作價值觀：

人的本質會影響其工作行為與工作態度；人的工作行為也會因環境與組織要求而調整。當公司設定以實踐企業社會責任為重要目標的承諾時，各項政策、制度、行為準則、員工教育訓練與溝通機制必然以此為依歸，身為員工也應該服膺組織的核心價值觀，以仁、義、禮、智、信「五常德」的生活方式，先求自我成長，從根本建立本身的價值觀，作為倫理決策的準則；接著以服務與幫助「親、朋、戚、友」為信念，形成公司正向能量信念的文化；體認企業「利他」的價值承諾，也讓本身的工作價值與企業「利他」的核心價值方向一致，促進公司凝聚組織的向心力，在以「正向能量信念」文化薰陶下，整個組織團隊可有效達成以「五常導師」生活方式的「利益眾生」目標。

二、以「信」的「善念」精神內化，貢獻公司，服務眾生，回饋社會：

員工要有「利益眾生」的使命感，這就是「善念」。以「關懷社會」，將人文關懷，生態環保的善念納入於日常的生活、工作的依循準則，則所產出的產品、服務與決策行為自然合乎倫理準則，利己利人。員工在企業形象良好的公司服務也會比較有尊嚴，有較高的榮譽感，這有益於公司凝聚組織向心力，企業形象的成就動機可促進企業精神內化，在榮譽心的驅動下，無形中公司內部員工的工作士氣、工作效率、產品與服務品質也會提升，獲得顧客的肯定，連帶公司營業效率與利潤也會增加，形成「善念」的正向循環。以投資報酬率觀點而言。身為公司一份子的員工應當理解，在公司的引領下實踐企業社會責任，服務眾生，是一種「長期投資報酬」的觀點，所帶來的是本身的利益績效，也帶來提升企業形象投資效果，其「邊際效益」不會遞減。而且，企業在獲得正面評價之外，也有其他附加價值，例如，顧客在選擇產品時，也會將企業社會形象納入購買考量的優先指標。幾年前台灣社會大眾對食品安全問題有疑慮時，總是優先購買企業形象良好的食品公司產品即是顯著的例子。

三、以「心中有愛」、「利益共享」的「仁」與「信」確認社會公益活動議題：

社會公益種類、項目繁多，且皆需要投入眾多人力與資源方能成事，更需要員工的全力配合，且議題的決定關乎行動主軸，然企業的資源有限，無法參與所有的公益活動，必須聚焦以求事半功倍。員工幹部也可以協助公司慎選及規劃符合公司形象定位的社會公益活動，使公司的形象相得益彰。首先依循善念，與利益共享的精神從公司的願景、使命、經營核心理念、文化、價值出發，思考何種主題能契合，可以讓投入的行動確保符合公司的經營理念、目標發展方向一致，易於凝聚員工參與的共識。其次，要考量企圖達成的社會目的，應與本身的事業定位相關，才能有效運用現有的公司資源，減少成本支出，整合人力、物力發揮效益。不僅公益活動的議題師出有名，以市場角度而言，社會大眾會覺得合理，且較有可能因社會公益活動的影響，對公司本身的產品或服務產生興趣，進而帶來更多的商機。例如，台灣的美律實業公司以生產電聲的相關產品著名，因此就長期贊助與其產品相關的古典音樂台、大千電台，及協助台中好家庭古典音樂台製播「台灣幸福進行曲」，以音樂藝術的推廣，期盼大台中能成為都市美學的指標，創造適合居住與工作的環境，提升市民的精神生活品質等。最後，議題的選擇可以由員工幹部動員廣納利害關係人，如股東、經營團隊、員工、供應商、通路、顧客、社區大眾等意見，以「心中有愛」聚焦符合公司形象定位的活動，共同參與策劃執行，達到「利益共享」的目標。

四、秉持「良善互動」的「義」熱誠參與社會公益，激發「利他」種子，擴大影響力：

公司的公益活動議題如果是與公司發展的目標方向一致，員工更應積極參與，甚至攜家帶眷一起參與，也可運用人際脈絡，邀請供應商、客戶一起共襄盛舉。具體而言，如果社會公益活動的議題與員工的工作有較強的連結，則員工個人可以因為參與活動而與社會大眾有更佳的「良善互動」，透過活動的過程累積經驗，提升自身能力；也可藉此拓展更多的商機，使動員的效益會事半功倍，因為員工覺得投入此活動是有意義的；進而提升對公司社會公益活動的能量，激發社會「利他」的善因，擴大影響效益。

環境保護為近年來各大企業所重視的問題，國內經營曼黛瑪璉內衣品牌的丁守企業即以「良善互動」的胸懷經常動員員工積極參與許多公益活動，例如：賀伯風災、九二一大地震、慈濟大愛活動、世界展望會活動等，透過熱誠參與社會公益活動造福人群，也樹立了其良好的品牌形象。中華汽車與社會的關係定位為「關懷台灣的人，台灣的土地」，公司將重點放在原住民的關懷議題，從1996年開始，就以「族群融合，從小開始」為社會公益活動的主軸，分別邀請布農、泰雅、賽夏等原住民小朋友，到台北和都會的孩子共同參加「生活體驗營」，彼此互動學習尊重不同文化，為多元文化社會和諧札根。（「中華汽車恢弘社會責任－利己也利他」，經濟日報，1999年11月22日）。國營事業中油公司近年來推動植樹造林、提供弱勢族群服務就業的機會、參與及贊助各項藝文表演與公益活動等，積極扮演營造社會寧靜祥和的角色。配合政府動員員工投入九二一集集大地震救助災民工作，認養南投縣水里國小重建校舍及校園興建，協助該校教學活動需要及當地社區民眾運動健身需求，補助工程費用，以善盡公司在照顧偏遠地區及弱勢族群之社會責任。2010年公司幹部及員工共襄盛舉，透過世界展望會協助203位兒童順利就學，讓國家的幼苗感受到社會溫暖；此外共設立37座愛心加油站，僱用殘障或身心障礙人士從事加油或洗車業務，以實際行動關懷弱勢民眾，推廣「中油有愛，愛心無礙」之精神，善盡企業社會責任，也提昇了企業形象。

由上述可知，員工幹部透過積極響應公司的活動，以「良善互動」的胸懷，透過熱誠的參與，發揮影響力激發社會大眾的「利他因子」，正是關聖帝君教義「利他」的實踐；不僅利己，更有利於眾生，也擴大了企業的影響力。

伍、企業長青的奧義：建立以「五常德文化」為本的組織，執行社會責任能力

時代在變遷，外在環境變化快速，這個世界正處於遊戲規則不斷改變的環境，全球化及環境

永續發展，消費大眾對於企業實踐社會責任的要求日益殷切，是當今所有企業所面臨的嚴峻挑戰。在全球經濟市場中，不斷創新和因應環境變化才不致被淘汰，相對於環境變化，「守株待兔」和「墨守成規」顯然已經很難因應當前的變局。彼得‧聖吉（Peter‧Senge，1990）所著之第五項修練一書提出企業建立「學習型組織」的概念，近年來在全球蔚為一股風潮。

企業要永續發展，有必要營造出一個創新學習的環境，促進員工、組織的知識管理與學習及組織的願景發展；整個組織才能在動態、複雜的環境下有不斷創新的能力及最佳的學習力，順利運作，創造最佳成果。學習型組織係指公司員工幹部透過五項修練步驟的學習，持續發揮其能力，創造其渴望之結果，培養系統思考新模式，塑造團隊學習氣氛，樹立優良的企業文化，能使企業因應外在環境變化，達成目標的有效策略。

一、「學習型組織」的內容精義

「學習型組織」的五項修練為：自我超越(Personal mastery)、心智模式(Mental models)、共享願景(Share vision)、團隊學習(Team learning)、與系統思考(System thinking)模式為企業提供了建立整個組織學習力，協助企業進行有效的組織學習活動，提升組織成員之學習成效。公司如能依其實施步驟，結合實踐仁、義、禮、智、信五常導師課程的精神與理念，樹立公司的經營文化，當能使企業有效實踐社會責任，建立「利益眾生」的事業，達成永續發展的目標。茲闡述執行要義如下：

1. **自我超越的修練**：本修練就是要瞭解與應用周遭各種作用力之能力和意願，學習不斷釐清，建立個人願景。員工具體的行動包括透過公司的教育訓練建立個人願景，發掘內在價值，找到內在豐富與誠實面對之真相（即內在巨人或小宇宙），加深個人真正願望，集中精力，培養耐心，客觀觀察現實，聚焦生命終極目標。整合與客觀現實心靈深處之渴望。需全心投入，不斷創造與超越，是一種真正之「終生學習」，亦是學習型組織之精神基礎。自我超越是一種終身學習之精神。當失去鬥志，需要自我超越，將目標重新塑造並賦予生命。

2. **改善心智模式的修練**：所謂「心智模式」是根深蒂固於心中，影響我們如何瞭解世界，及如何採取行動之許多假設、成見、圖像與印象。心智模式及其對行為之影響通常不易察覺，是五項修煉中之反思與技巧（即是用新的視野看世界，新的思維思考），並兼顧主張與探詢，強迫自己學習別人真正好的意見。改善組織、個人、企業心智模式之最大障礙是成功慣性，如不去審視環境的變化，一味認為過去的成功模式可以一直持續下去，則將可能為企業帶來危機。這個世界不是一成不變的，如果我們不能隨環境改變打破既有的心智模式，個人決策或公司重大決策將會受其影響而無法創新學習。『將鏡子轉向自己』是心智模式修練的起步，學習如何浮現管理者隱藏心中且強有力之心智模式，學習發掘內心世界圖象，使圖象浮上表面，嚴加審視並加以改善，以掌握市場契機與推行組織之興革，可破除自我障礙，跳脫行動慣性，喚醒內在潛藏之巨人與生命之覺醒，適時矯正─修補（復）─調整─平衡「生命原型」，藉由發掘自己內心世界的原始想法，並能接納別人之想法，開啟更高智慧（破我執；心智模式也會隨之改變。）

3. **建立共享願景**：領導者需能夠具有凝聚並堅持實現共同願景的能力，也就是設定共同願望─理想─遠景─任務─目標─價值觀（vision-mission-goal-value），鼓舞團隊成員奉獻自我、自我超越盡心為公司效力的能力。企業經營者應該領導組織，培養同仁主動而真誠的奉獻與全心投入，而非只是被動與遵從，員工應自我超越與啟動高能量之心靈商數，產生源源不絕的原動力。將個人願景轉化為能鼓舞組織之共同願景，建立全體衷心渴望實現之目標、價值觀與使命。公司並應省思與定期檢視願景是否需改變，並在關鍵時刻回顧願景；回溯願景未來發展史以及考慮改變目的。只有企業全體團隊同心努力學習，才能追求卓越。

4. **建立團隊學習模式**：「三個臭皮匠勝過一個諸葛亮」激發群體智慧就是團隊學習的重要。學習之基本單位是團隊而非個人。如果團隊中所有成員能彼此放下身段，誠心交流，由此形成的力量必定遠遠超過個人獨自的成果。團隊之集體智慧高於個人智慧，團隊以整體搭配之行動力，發揮整體作用與集體意識。當團隊真正在學習時，不僅團隊整體產出優質成果，個別成員成長速度亦比其他學習方式為快。團隊學習修煉應從「有技巧討論」及「深度匯談」開始，所謂「深度匯談」是指團隊成員攤出個人心中的假設與疑惑，透過成員「有技巧討論」方式，發掘出遠較個人更深入的見解，進入真正共同思考之能力（即深度匯談）。如寶鹼（P&G）、IBM、全錄等企業已積極進行團隊學習，因為他們瞭解現代的組織學習的基本單位不再是個人而是團隊，「除非團隊能夠學習，否則組織也無法學習」。

5.再造系統思考模式：企業與人類之活動是一種「系統」，均受細緻且息息相關之行動所牽連，彼此互為影響。「今日問題來自昨日之解」，透過系統思考，可幫助我們釐清整個變化的型態。「當水龍頭太熱我們會將之轉涼。暴風雨過後，地面的流水將流入好幾英里以外的地下水中」。這些解決問題常忽略整體因素之考量，反而製造更多的問題。系統思考是學習型組織五項修練中最重要之一環，必須結合上述四項修練，若缺少了系統思考，就無法探究各項修煉之間是如何互動的。目前愈來愈多國家的企業導入學習型組織，透過學習重新凝聚群體的力量，強調組織整體學習能力提升為關鍵成功因素之一。

二、企業推動學習型組織執行能力的機制與步驟

1.設立專責單位：為順利推行學習型組織，公司可設立跨部門的專責單位，如「推動學習型組

織中心」、或「終身學習中心」等明確訂定任務以推動「五項修煉」為發展架構方向，全心投入系統的教育訓練工作，使對內、外皆有總協調、規劃的對口單位，便於推動時的助力。

2. 導入學習型組織的「薫、學、習、用」四個階段

（1）**「薫」的階段**：可以透過獎勵與績效考核的方式動員企業全體員工，大家一起學習，這時如高階主管帶頭參與學習，可起示範作用，彰顯推動的決心與支持。目的是期望能建立興趣、認同和基礎的概念及激發深入學習的動機。實施方式如公司內讀書會的推動、全員學習營等。例如由部門主管帶領示範研讀討論五常導師課程的要義，與公司經營願景、理念、價值觀的關係；五項修練的相關資料等。並和部門內同仁一起分享學習。

（2）**「學」的階段**：透過負責經營決策的各部門主管參加學習，以串聯系統思考，培養將公司內的複雜問題解析與釐清的能力，思考如何將五常德的工作與生活方式落實於職場。此階段係以工作場所視為「演練場」的概念，把五項修練的技術融合「聖凡雙修」的工作與生活方式，透過部門主管的影響力，在職場上移轉至部屬的行為中，這需要一段時間的演練，才能把主管在演練場學習的技術、形成集體的共識語言，運用在實際的職場中。因此職場和演練場的互動就會逐漸出現交集。

（3）**「習」的階段**：當把演練場學習的技術、語言加以運用，職場和演練場漸有交集時，組織的學習基礎也逐漸建立，在此階段應致力於擴大組織內成員的交集，形成由高、中、低階層幹部與基層全體員工，對於共同願望—理想—遠景—任務—目標—價值觀，五常德的生活方式與依循的倫理準則、社會責任等有具體的共識及共同語言，進而形成公司堅實的文化精神。

（4）**「用」的階段**：如在前三個階段能建立穩固的基礎，在企業內自然會形成強大的學習動力，將組織引入持續學習的情境中（龔祖元、邱俊智、高玉琳，2000）。

當全體成員皆養成學習習慣，公司即能達到以五常德「聖凡雙修」生活方式為基礎文化的學習型組織。其體現的效益是公司能自創未來前景、滋育熱望、釐清複雜、組織成員在行動與交談中具有反思能力，面對多變的經營環境能具備「預應式」(proactive)組織的雛型。此第四階段和第三階段是循環關係，亦即在此階段遇到應用的瓶頸必須回到第三階段修習，以補齊不足之處。

以上即為導入學習型組織，實踐「利己」與「利眾生」事業的實施步驟。

學習不僅是人類天性，亦是生命泉源。在導入過程中，要透過不斷的「用」，使公司成員漸漸「習以為常」，成為一種「習慣」。每位員工成為「學習人」，五常德要義真正融入員工的生活方式中，成為可以利益眾生的「學習型組織」。企業主與員工在團隊中一起工作，彼此信任，互補長短，為共同目標全力以赴，創造公司的營運收益。這就是學習型組織之雛型。高績效的團隊並非一蹴即成，而是透過學習如何創造優良的績效成果所致。在「學習型組織」中，全體得以不斷擴展創造未來能量，培養全新、前瞻而開闊之思考方式，全力實現共同願景，持續學習如何共同學習。

企業如能將五常德導師所揭示的教義要旨，將「聖凡雙修」的「圓滿人生」生活方式內容融合透過五項修煉的模式，導入學習型組織，建立「學習型組織」，成就個人的人生目標、發掘員工的天賦潛能、增進家庭和諧、財富、健康、人際關係，進而形成公司的願景、文化與倫理行為準則基礎，凝聚公司目標共識，建構有效執行「利己」、「利人」的組織體制，則實踐企業社會責任，成就「利益眾生」的事業，達成永續經營必將易如反掌。

陸、結語

管理大師蓋瑞哈默爾（Gary Hamel，2012），認為現代企業經營值得憂心的問題之一是「企業經營者覺得社會利益跟己身利益沒有太大的關聯性」，如果經營者對於企業實踐社會責任不以為意，其未來的前景是值得憂慮的。針對這個問題，哈默爾建議「棄利己癖」、「追求恆古不變之普世價值」。換言之，現代企業的經營不能僅強調利潤掛帥，還應該重視實踐社會責任。社會是由大眾所組成的生命共同體，企業在人類的社會中是屬於強勢的組織，因為其不僅能延攬優秀人才，透過營利賺取資源，相較於一般個人更能運用各種管道影響社會資源的分配。如果企業汲汲營營以獲取利潤為目標，則社會必然會產生資源分配不均的現象，弱勢族群的生存空間會相對縮小，聖凡雙修的「圓滿人生」必然失去依循，社會失序、人們生活失依，最後也會影響到企業經營的利潤。基於共創人類福祉的理想信念，企業理應承擔更多的社會責任，善盡社會公民的角色。

針對企業實踐社會責任，關聖帝君的「五常導師課程」宣示企業要以「智」經營，建立「利益眾生的事業」。秉持的原則是：不以己利為中心、對自己與他人都有利益工作中不危害環境與他人、不求回報與利益交換、要能有服務大眾的願心。本文依據「聖凡雙修」的「圓滿人生」生活方式，以企業主及員工角度提出了企業具體的實踐策略與方法。最重要的是，在動盪的環境中，如何依循關聖帝君訓示的以「智」建立「利益眾生」的事業，企業領導者透過組織學習來開拓員工的視野與創意，使公司藉由實踐社會責任來培養出員工對組織的高度認同與承諾，一方面創造公司良性工作的磁場，另方面容易形成組織決策的共識，成為提升企業競爭力的關鍵。

柒、參考書目

1. 五常導師課程認證：蘊藏在人類中的根本密契講義，中華關公信仰研究學會聖凡雙修的生活方式實踐策略論壇研討會，民國 109 年 11 月 15 日，pp. 71 - 95。
2. 「中華汽車恢弘社會責任 - 利己也利他」，經濟日報，1999 年 11 月 22 日。
3. 「百事，微軟不只減碳，還把水「補」回大自然」，商業週刊，1767 期，2021 年 9 月 27 日，p.102。
4. 李秀英，劉俊儒，楊筱翎，東海管理評論 2011 年，第十三卷，第一期，pp.77-112。
5. 陳勁甫、許金田著，「企業倫理—內外部管理觀點與個案」，2015 年，12 月，財團法人信義文化基金會出版）。
6. 陳振祥編審，豐智校閱，「策略管理，台灣企業個岸剖析，企業實例 - 台達電子，普林斯頓國際有限公司出版，第二版，2007 年，pp.345-347。
7. 彼得聖吉，第五項修練實踐篇 - 上，天下遠見出版（股）公司，2001 年 pp. 188-246。
8. 關聖帝君教門『玄門真宗』的修行功課，林翠鳳主編，宗教皈依科儀彙編，關聖帝君與現代社會國際學術暨皈依科儀研討會，2013 年出版，pp. 30 - 31。

9.聖凡雙修的生活方式實踐策略論壇研討會論文集，中華關公信仰研究學會主辦，2020 年 11 月 15 日，pp.90-92。

10.盧廷羲，「成為職場人氣王」，《經理人月刊》2018 年 2 月號。

11.龔昶元、邱俊智、高玉琳，中友百貨導入學習型組織的過程與影響，第一屆提升競爭力與經營管理研討會論文，淡江大學主編，2000 年 6 月 pp.169-183。

1.Bowen，H.R.，（1953）. Social responsibility of the businessman，New York，NY ：Harper and Brothers.

2.Carroll， A. (1991) The pyramid of corporate social responsibility：Toward the moral management of organizational stakeholders. business horizons，34，39-48.

3.Dawkins，J.，（2004），Corporate responsibility：The communication challenge，9(2)，108-119.

4.Gary Hamel（2012），「What matters now：How to win in a world of relentless change，ferocious competition，and unstoppable innovation，」John Wiley & Sons，Inc.

5.Loosemore，M.and Phua，F.，（2010），Responsible corporate strategy in construction and engineering：Doing the right thing? UK：Taylor and Francis.

6.Riordan，C.M.，Gatewood，R.D. and Bill，J. B.，（1997），Corporate image：Employee reactions and implications for managing corporate social performance，Journal of business ethics. 16(4)，401-412.

7.Sethi，S.P.，（1975），Dimensions of corporate social performance：An analytical framework，California Management Review，17（3），58 - 64.

8.Zairi，M. and Peter，J.，（2002），The impact of social responsibility on business performance，Managerial auditing journal，17(4)，174-178.

第五章

「信」——策略規劃與企業經營

2021
企業經營實踐策略學術論壇

策略規劃與企業經營

——談企業文化之核心價值

周少凱
嶺東科技大學國際企業系前主任

壹、前言——研究緣起

美國知名麥肯錫管理顧問公司調查指出，長期穩定地名列前茅的企業，都有一套成熟的企業文化。而程天縱提出企業文化洋蔥圈四個層面的文化架構，最內層是核心價值觀，第二層是願景與策略，第三層擬定目標與管理，接著才能產出第四層正確的決策與行為。因此本研究論述策略規劃必須從企業的核心價值開始探討。

若要探討中華文化之核心價值，首推儒家學說，儒學自先秦孔、孟奠定基本框架後，至兩漢以經學形式確立官方統治地位。「仁義禮智信」為儒家「五常」，這「五常」貫穿於中華倫理的發展過程之中，成為中國價值體系中最核心的要素。

本研究以策略規劃為主題，並以企業文化為通篇論述之切入點，彙整五常德之意涵，其次探討五常德對企業經營及管理的實質內涵，接著剖析當今企業跟五常德相關的特質與本質，其次建議企業可以如何善用五常德來經營管理成功的企業，最後採用小論文的格式展現實際導入策略規劃之個案，以提供參考。

貳、策略規劃對企業經營的重要性

謝衛先 (2019) 指出「仁、義、禮、智、信」為最高的經商法則，茲將五常德在管理上之意涵，彙整如下。

一、仁的管理意涵：

1. 仁愛：強調仁愛是人固有的價值追求和道德情感。愛人的根本途徑，就是推己之仁愛於他人，並在此基礎上建立和諧的人際關係。

2. 人道：是一種重視個人內心修養和協調人倫關係與社會關係的人道原則，其目的是要求人們從「仁」出發，遵循「己所不欲勿施於人」的原則為人處事。

3. **和諧**：強調人與人求同存異、和而不同、相親相愛，協調關係、社會和諧，只要人們按照「和」的原則處理人際關係，就能造就人與人之間的仁愛相親，社會和諧。

二、義的管理意涵：

1. **正氣**：「忠義」是衡量一個人的人格品行是否具有正氣的最基本標準。「忠義」即正氣。
2. **平等**：認為個人是不能離開他人而獨立存在的，人只有在這種關係中才能確認自身的處境，實現自身的價值。
3. **奉獻**：當個人利益與社會利益發生衝突時，應該以社會整體利益為先，個人利益要服從社會整體利益，主張把「小我」融入「大我」之中。

三、禮的管理意涵：

1. **禮讓**：「禮」從廣義上講，既包括貴德、守法，還包括禮貌、禮節。所謂「明禮」，乃是指懂道德講道德，知法守法，也是指懂禮貌講禮節。

2. **貴德**：「禮」不僅規定了社會結構和社會秩序中各個角色的社會身份和社會地位，還詳細地規定了各自不同的行為規範，提出了各種具體的價值觀念和道德要求。

四、智的管理意涵：

1. **理性**：所謂「智」，即知識和理性，指價值理性和實用理性。即人們意識中判斷是非、善惡、美醜的能力和觀念。

2. **求真**：中華民族傳統核心價值觀強調「智」是道德認知，是「仁」、「義」、「禮」、「信」四德的工具，是人類道德自覺的前提。只有通過「智」，才能使它們轉化為內在的價值理念和道德精神。人的一切道德品質、道德觀念、道德行為，都離不開「智」，都由「智」的因素所主導。也就是說，只有「智」，才能求得道德之「真」，體現「求真」的精神。

3. **創新**：「智」，展現了「認識創新」和「實踐創新」的重要意義。

五、信的管理意涵：

1. **真誠**：強調人的存在、人的道德本質與天地自然的本質是完全一致的，故有了天人合一的思想和思維文化。

2. **敬業**：指忠於職守，即「盡職」，盡職盡責，表現了勤勞品德，「習勤勞以盡職」。正是在這種價值觀念的影響下，中華民族世世代代勤勞勇敢，默默奉獻，創建了中華民族的燦爛文明。

3. **誠實**：即「信於約」、「守於義」。這樣才會體現出一種誠實的品質，使人們樂於與之交往。

茲將諸多學者所闡述五常德之管理意涵與玄門真宗所提出之實踐方針，彙整如表1所示。

表 1　五常德管理意涵與實踐彙總表

五常德	管理意涵	實踐
仁	1. 仁愛：建立和諧的人際關係。 2. 人道：協調人倫關係與社會關係。 3. 和諧：造就人與人之間的仁愛相親，社會和諧。 4. 互利：充分理解並尊重合作對象，與對方互利共贏。	賺錢 累積財富
義	1. 正氣：“忠義”即正氣，「仁中取利、義中取財；不義之財、絲毫不取」。 2. 平等：公平正義。 3. 奉獻：個人利益要服從社會整體利益，主張把“小我”融入“大我”之中。 4. 客觀：以客觀的、實事求是的態度來秉公處理面對的問題、不存在任何私心。	工作 學習經驗
禮	1. 禮讓：懂禮貌，講禮節。 2. 貴德：制訂行為規範，提出具體的價值觀念和道德要求。 3. 形象：企業形象、企業文化、企業狀態、企業精神的綜合表現。	生活 改變現況
智	1. 理智：判斷是非、善惡、美醜的能力和觀念。 2. 求真：求道德之“真”，體現“求真”的精神。 3. 創新：認識創新和實踐創新。 4. 評估：是指對形勢的判斷、分析能力以及對未來的一種預估、知己知彼的能力。	理想 自我實現
信	1. 真誠：天人合一的思想和思維文化。 2. 敬業：忠於職守，盡職盡責。 3. 誠實：言行一致，表裡如一。	使命 利益共生

大凡人類對於一件事，研究當中的道理，最先發生思想：思想貫通了以後，便產生信仰；有了信仰，自然就生出力量。企業主如何善用五常德的管理意涵（思想），建構企業文化之核心價值（信仰），方能全員為同心創造幸福企業而努力（力量）。

參、策略規劃的實踐之道—企業主的角度

企業主持續強化組織的幸福感和效能，可運用的兩項主要工具，就是策略和文化。策略為企業目標提供了正式的系統觀念，指引全體員工朝目標前進。文化透過價值觀和信念來傳達核心理念與公司目標，並透過共同的意志和群體規範來引導企業營運。

策略為全員行動和決策，帶來清晰的願景與使命。策略仰賴計畫和決策，以動員人員；在達成目標時提供具體的獎勵，這種做法往往可以促進策略的執行。策略也應仔細檢視和分析總體環境，並注意到何時應進行變革，以利公司持續運作和成長。然而，文化是較難掌握的，因為它大部分根植在內隱的行為、心態和社會模式裡。

企業主應推動創新文化，並灌輸可長長久久的價值觀。隨著時間過去，企業主也會透過刻意

與不自覺的行為來塑造文化。文化其實是可以管理的。要讓文化的價值最大化、風險最小化，企業主可採取的第一步，也是最重要的一步，就是完整了解文化如何運作。

程天縱（2018）提出企業文化洋蔥圈四個層面的文化架構，第一層（也是最內層）：核心價值觀。企業的「核心價值觀」，也就是企業主的信仰和信念；依據企業主的信仰，聚集了一批志同道合的創始團隊，開始了企業的發展。第二層：願景與策略。基於共同價值觀的一群人，創立了一個企業，定義了企業的使命（Mission）、願景（Vision）、目標（Corporate Objectives）和策略（Strategies）。第三層：目標與管理，根據第二層的「願景與策略」，必須落實在管理和執行層面。其一為可以具體展現的「規章制度」，包含各種辦法、管理流程和表單。一個管理正規化的企業，都具有明確的規章制度，讓員工來依循遵守。另外則是各類「不成文的規定」或習俗，無法具體明言，但為企業裡的每一個單位，每一個員工，都形成默契似的依循辦理。

第四層：決策與行為。企業員工每天面對的都是動態的環境和挑戰，因此決策與行為是經常需要調整或改變的。也是這個洋蔥圈模型裡面，變化最多，變化最快的一層。

企業文化是企業在經營過程中逐步形成的，為全體員工所認同並遵守的、帶有公司特色的使命、願景、宗旨、精神、價值觀和經營理念，以及上述理念在管理制度、員工行為模式與企業形象的總和。企業的強與弱，要看企業的員工是否有共同的價值觀、是否有相同的願景、是否朝著共同的目標而努力。

茲將玄門真宗所體認之人生與事業對應的連結關係，列表如下：

表 2 人生與事業對應的連結關係

五常德	生活方式	對應關係	連結關係	研討方向
仁	賺錢	報（祿）	身體健康	例：賺錢有數，身體要顧
義	工作	運（名）	人際關係	例：與廠商關係維護經營
禮	生活	福（利）	家庭經營	例：使家庭經濟無所匱乏
智	理想	財（功）	事業經營	例：人生進階到自我實現
信	利益眾生		精進修行	例：利人利己，成就他人

鄭幼如等（2018）整理出八種文化風格，可用來界定、衡量企業文化，企業主可運用此架構，來呈現文化對企業的影響，並評估文化是否與策略協調。本研究將八種文化風格與五常德之管理意涵，彙總如表3所示。

表 3 企業文化類型之風格與特質彙總表

企業文化類型	風格與特質	五常德之意涵
關懷型	注重關係和互信，工作環境溫馨、互助合作、友善接納；領導人強調真誠、團隊合作和正向關係。	仁
樂趣型	是趣味和興高采烈。領導人重視自動自發和幽默感。	仁
使命型	是理想主義和利他主義，是對永續性和全球社會的關注；領導人強調共同理念，並奉獻給較崇高的理想	義
安全型	是規劃、謹慎和籌備。員工有風險意識、深思熟慮；領導人強調務實和事先規劃。	禮
秩序型	注重尊敬、結構和共同的規範。領導人強調共同的程序，重視歷史悠久的慣例。	禮
學習型	是探索、拓展和創意。領導人強調創新、知識和冒險。	智
成果型	是成就和勝利掛帥。工作環境是成果導向；領導人強調達成目標。	信
權威型	強調實力、決斷和膽識。工作環境競爭激烈；領導人強調信心和主宰。	信

這八種風格結合五常德，可用來診斷和描述文化裡高度複雜且多元的行為模式，並呈現企業主可以如何運用五常德與哪種文化協調一致，並塑造企業文化。

茲將玄門真宗實踐五常德企業文化之企業內部規劃與對外策略，列表如下：

表 4 實踐五常德企業文化之內部規劃

五常德	實踐企業文化的內部規劃
仁	專業技術人才的培訓
義	團隊依標準的SOP，分工合作，組織學習，友誼存摺
禮	完善制度，優渥福利，利潤分享，一家人主義，創造成就舞台
智	創新，鼓勵研發，資源再利用，大膽企劃，細心規劃， 實踐理想
信	企業文化，人品態度，紀律效率，團隊合作，目標理想，共創未來

表 5 實踐五常德企業文化之對外策略

五常德	實踐企業文化的對外策略
仁	品牌的價值與形象
義	投資理財，良善互動，國際認證，創造多贏
禮	社會責任，杜絕汙染，環境評保
智	商機，開源，行銷，了解，信任，成交，推薦
信	利益共享，心中有愛，利己利人，自我實現

肆、策略規劃的實踐之道──員工的角度

企業主在致力建構企業文化價值觀，以帶領企業邁向幸福企業的同時，員工本身也應努力調整個人的價值觀，方能團隊同心創新企業價值。茲將員工應有之具體作為分析如下：

一、由「己所不欲，勿施於人」做起

具有「己所不欲，勿施於人」的胸懷，其人必是善體人意，有同理心，能替對方著想，對於不同的文化也會有「尊重與同情」，在現代處處呈現對立或緊張狀態的人際關係中，正可以此調合，消弭紛擾的情況。

二、重建家庭關係與孝道精神

在現代社會，家庭成員的情感疏離，孝道精神也日漸式微，做子女的該如何重拾對父母的孝順敬意，《論語》中均提出具體的實踐方法，家族成員對於長輩的孝道，實源自對於祖先的尊敬，故祭祖的禮俗不在於祭品的豐富與否，而是那一份虔誠的敬意，長輩帶領示範，晚輩跟從其禮，

此種儀式即蘊涵人格的感化教育。

三、重視朋友與鄰里的關係

五倫中的朋友關係在現代社會益顯其地位重要，對於結交朋友的原則，似乎也不曾改變：所謂「益者三友」是結交正直、信實、博學多聞的朋友，「損者三友」是結交慣於逢迎、諂媚不信實、多辯無實的朋友，在現代社會人與人之間的交往中，孔子之言仍可視為金科玉律，亙古不變的準則。由朋友相處，可擴展到鄰里的往來。

四、落實五常德於生活之中

仁：就是善良，要樸實善良。義：就是情義，要樂於助人。禮：就是禮貌，要尊敬他人。智：就是理智，要心態平和。信：就是誠信，要誠實守信。

伍、實務個案

本研究展現兩個個案以小論文方式呈現實務個案之策略管理規劃過程與成果，以提供參考。

個案1：機油添加劑導入經營策略形成模式之個案研究—A公司之例證

摘要

本個案所運用之經營策略形成模式又稱為全公司經營策略規劃（Company-Wide Business Planning），簡稱 CWBP，於 1992 年發展完成開始導入各企業體，並經大魯閣與由鉅建設等公司之實際導入，均證實了其實用性。為了再次驗證 CWBP 之模組化設計與產業之導入時機，乃以新成立之 A 公司的唯一產品，機油添加劑為例，做為導入經營策略形成模式之研究對象。由於環保管制規定越來越嚴格，以及高油價時代來臨，各大廠商及研究機構紛紛投入研究如柴油車、電動車等汽機車引擎之外，亦投入研究減少油耗與降低污染之裝置。A 公司之機油添加劑，經工研院與 SGS 公司認證，正準備上市，此乃 A 公司擬定經營策略之重要時機。本研究依據 CWBP 之導入流程，在個案研究的過程中與公司核心人員不斷腦力激盪，完成環境分析中各項分析模組，並經 SWOT

(Strength-Weakness-Opportunity-Threat) 分析找出努力方向，再以 IPA (Important Performance Analysis) 確認關鍵成功要因，最後，並將潛在顧客分類為尊貴舒適型、極速專家型、經濟省油型、扭力悍將型、與愛車如己型，以分別擬定適當的行銷策略。

關鍵詞：機油添加劑、經營策略、策略形成

一、緒論

由於企業所面對的是一個變化愈趨頻繁、競爭日益激烈的環境，全球市場和科技突破的不斷轉變，即企業處於超優勢競爭 (Hyper-Competition) 的時代，如何從一個暫時的優勢轉移到另一個暫時優勢，將成為企業經營的重要課題，一般企業在研擬經營策略時，多著眼於企業定位、未來目標、環境變遷、市場需求、競爭態勢等方面（Hill & Jones，2004）。企業經營策略的制定是一長期性、具延續性的任務，且企業在研擬經營策略時，不只應考慮當時所面臨的外部環境及本身的內部條件之配合，更應從企業未來經營觀點，透過經營策略的重點決策，建立與培養未來賴以競爭的資源能力，而且更應在不同時期致力於新的競爭優勢之創造。

企業經營策略制定使用 CWBP 大致可分為五個時機：

1. 定義企業定位。
2. 規劃企業未來目標。
3. 新產品／服務開發可行性研究。
4. 面對總體環境變遷，企業應有之對策。
5. 市場需求與競爭態勢之探討。

近來，機油添加劑市場競爭激烈，在一般觀念裡，其主要功能為減少引擎摩擦力。目前，市面上潤滑油或油精成分絕大部份為碳氫化合物、礦物油、丁烯之聚合物或三者的混合物，但經市場實測已顯現不適用及害處。因此，A公司之產品便是要增加機油於高溫時之潤滑性，當引擎作用時之潤滑性增加，其動力阻擋自然會降低，相對燃料之耗費也隨之減少，即達到省油目的。

為了再次驗證CWBP之模組化設計與產業之導入時機，本研究擬針對策略研究中較少討論之新產品／服務開發可行性研究，做進一步的探討，並以新成立之A公司的唯一產品機油添加劑，做為導入經營策略形成模式之研究對象。本個案之研究目的如下：

（一）針對A公司進行個案之導入研究，驗證全公司經營策略規劃（CWBP）的使用時機與實用性。

（二）探討確保導入CWBP過程順利之注意事項。

二、經營策略之定義

在企業全球化的發展趨勢下，企業的生存發展與取得競爭優勢，不是單靠投入資源即可獲取報酬，而是選擇最適當的經營策略。企業運用經營策略而引起注意是始於1962年，本研究針對國內外知名學者對於策略所作之定義整理如下：

表6 策略定義之彙整表

學者	年代	策略的定義
Chandler	1962	策略為企業基本長期目標的決定及為達成目標所採取的行動方案與所需資源的配置。
Aaker	1987	策略是企業在面對迅速變動的環境下，針對企業的經營方針進行調整，使企業走向一個新的產品與市場組合的領域。
Ansoff	1990	策略是依企業內部及外部的環境變數，包括產品、市場範圍、成長向量、競爭優勢與綜效交互影響而成。
Robbins	1992	企業基本且為長期的目標、目的的決定，行動過程之採行，或是為了實現目標，所需要之資源配置行為。
吳萬益、蔡明田	1993	企業為追求績效，衡量自身所處的內外在環境、企業目標及組織結構，並與同一產業之競爭對手互相比較後，所提出的應對策略。
吳思華	2001	策略為企業業主或經營團隊，面對企業未來發展，所勾勒出的整體藍圖。
Porter	2004	策略是指執行和競爭者不一樣的活動，或用不同的方式執行類似的活動，或者是為了實行組織目標所進行的資源分配行為。
司徒達賢	2004	企業或組織所擁有的資源有限，要能夠有效的運用資源，建立長期的競爭優勢，就必須要有一套整體性的邏輯思考來勾勒企業未來的發展方向，而經營策略代表了經營重點的選擇。
Hill& Jones	2004	策略是管理者為達成組織目標所採行特定型態的決策與行動，以達成優越組織績效。
大前研一	2005	企業家運用策略以使自己從眾多競爭者中脫穎而出。
許士軍	2006	策略是達成某一特定目標所採用之手段，表現在對重要資源的調配方式上。
Hill, Jones &Schilling	2015	策略是指企業透過彼此相互搭配、而凝聚成一個完整的體系，據此促成公司獲致競爭優勢與利潤成長。

資料來源：本研究整理。

三、策略形成模式之探討

Mintzberg (2003) 指出策略計畫只是一個計畫或方案，而策略性思考是整合企業的願景和觀念，進而發展創造性新觀念。堅持策略形成的「理性」過程，他認為策略的出現是一系列過程的結果，涉及組織內部的政策、認知、以及進化的程序。策略形成通常被稱為策略規劃或長期規劃，不論使用術語為何，策略形成的過程是分析導向，而不是行動導向。策略形成的過程包括對總公司的使命、目標、策略及政策的擬定。為了使這個過程進行更有效，總公司策略管理者必須偵查內部與外部環境，以獲得有關策略因素的資訊。

紀律和想像力之間有限制且會互相牴觸其個別用途。過度強調紀律，會減少洞察力及創造力；過度強調想像力，易低估現實的經驗與環境，而導致混亂。因此，為達成公司未來目標，在紀律中發揮創造力即成為一項重要的議題 (Szulanski & Amin,2001)。

各學者對於策略規劃的意義在大原則下，彼此意見是一致的，綜合分析可歸納出策略規劃模式之異同有幾個看法：

（一）策略規劃過程的異同：

策略規劃程序主要是以 SWOT 分析架構為主，主要強調企業策略的選擇與執行必須使企業內部資源能力與目標，和外部環境的要求能夠匹配 (Hofer & Schendel, 1978)，此類策略思考的邏輯為由外向內型，是美式所提出的理念，即有效配合外在環境變化的趨勢，適當調整企業本身的營運範疇（吳思華，2001）。

日本則持相反觀點，日本企業執著於核心能力 (core competence) 的建立，用以形成企業強大的競爭優勢 (Prahalad & Hamel ,1990)。企業想要成功，植根本土、培養核心能力才是當務之急（司徒達賢，2004），此類型的策略思考邏輯為由內向外型，亦即強調持續的建構，並運用本身經營條件，以對抗外在環境的變化，這種策略執著 (strategic persistence) 為近年來在學術界與實務界中有關策略制定的重要思考方向（吳思華，2001）。

（二）策略形成的主要步驟：

綜合分析上述對策略規劃的看法，本研究將策略形成所涵蓋的主要步驟分為：

1. **環境剖析**：針對外部環境，認明組織外在的機會與威脅，以及針對內部環境，決定內部的優勢與劣勢。(吳萬益、蔡明田，1993)。

2. **組織定位**：進行願景、使命、與目標之擬定。(Hill & Jones,2004)。

3. **分析工具與技術**：探討適合運用在策略形成的技術與方法，並納入策略形成模式內，例如

SWOT分析（Weihrich,1982）。

4. **找出成功要因**：以IPA分析組織經營策略成功的因素（范天華，2002）。

5. **規劃策略行動方案**：依據關鍵成功要因(KSF)規劃策略（周少凱，2001）。

四、經營策略形成模式之導入設計

全公司經營策略規劃（CWBP）之設計動機，導因於企管顧問之經驗體認。研究者在民國73年迄今，曾經承接經濟部中小企業處的顧問案，在眾多輔導個案中發現，當仍在公司駐廠輔導時，所提的建議案均可獲輔導廠商採納，並按部就班推動；但是，一旦輔導案結束，各輔導廠商大多故態復萌，原來的問題一再重覆出現。因此，研究者便致力於這種無效輔導案的檢討。關鍵在各輔導廠商向中小企業處申請輔導時，皆針對某一部門或功能提出申請，研究者在執行時，也是一個部門或一項功能地逐一提出改善建議。但公司是一個整體，僅強化某一部門或功能不但功效不彰，甚至會受到其它部門之排斥，多半在一段時間之後又故態復萌。只有全公司共同參與形成共識，上下一心一起推動改善方案，方能獲得持續成效（周少凱，2001）。

CWBP曾由研究者主導，應用於由鉅、大魯閣、泛太、泰詠、銩冠、及維格等公司。實施過程中，因核心成員共同參與決策，改善企業的組織氣氛、凝聚向心力，不但規劃出高品質的策略，並能激發整個企業體的改善共識與動力，甚至更深入地塑造組織文化。再經由顧問群進駐輔導廠商，協助各部門主管推動 CWBP 所決定之策略行動方案，經三個月至半年間檢驗與評鑑後結案，深獲各公司肯定與認同。甚且東海大學、大仁技術學院、IBM 公司、與 HP 公司亦曾使用類似之模式與方法。

CWBP 歷經數個成功的個案實務，本研究應可認定 CWBP 為成熟的技術，並可成為本研究之 A 公司經營策略形成模式的理念基礎模式。本研究將經營策略形成模式應用於個案研究，以期建立 A 公司經營策略形成模式。CWBP 中研究團隊使用下列幾項分析工具以研究如何導入此一模

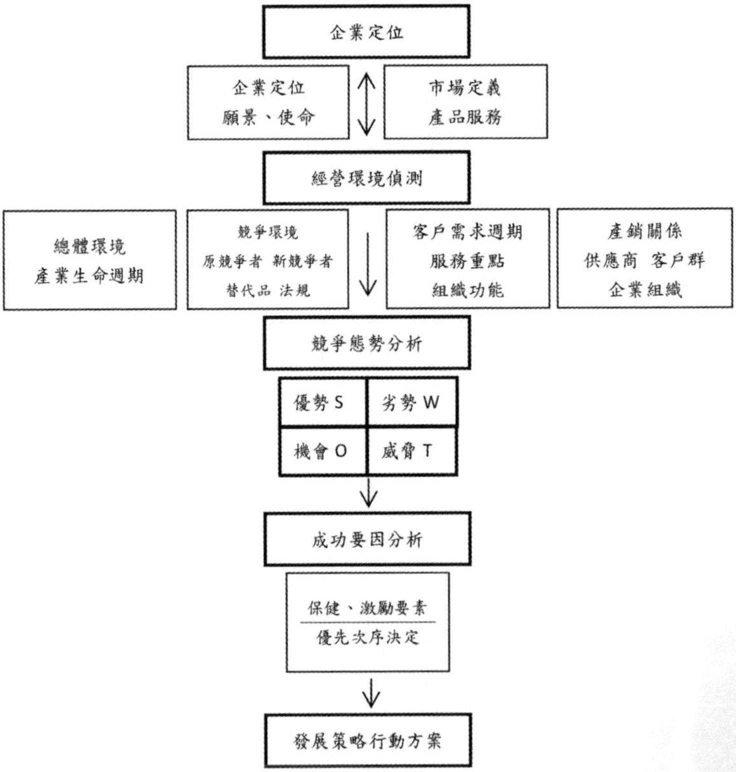

圖 1 全公司經營策略形成（CWBP）架構圖（周少凱，2001）。

式。如圖1所示。茲將CWBP之導入流程說明如下：

（一）運用腦力激盪與KJ法貫穿整個研究

研究者帶領顧問群，開始腦力激盪，期盼設計出能讓公司全體成員產生共識，共同參與推動改善方案的技術與方法。在發展該技術前，顧問群首先擬定預期的功能與目標：1. 發展經營策略規劃。2. 激勵全公司員工士氣。3. 激發公司幹部創造力。4. 提升公司幹部企劃能力。5. 強化公司內部組織溝通。6. 扭轉劣勢創造公司新契機。7. 了解企業內外部的經營環境。8. 提昇公司幹部參與感與向心力。9. 充份發揮優勢提升公司競爭力。10. 促成全員建立企業經營管理目標的共識。

為達成上述功能與目標，研究者認定群體決策、策略規劃方法，勢在必行，並配合運用腦力激盪與KJ法等技術整合，方能竟其功，便督促顧問群參考國外的策略規劃案例，設計適合新產品使用的策略形成模式，並稱之為全公司經營策略規劃（CWBP）。而所謂KJ法乃由日本 川喜田二郎於1953年所提出，即從混沌不清的狀態中，將多樣而複雜的事情、現象、意見、或想法，以「一念一卡」的方式卡片化，再根據卡片之間的「親和性」或「類似性」，逐層統合，使之結構化的技法（沈翠蓮，2005）。

CWBP乃經由企業核心成員約15人至25人的參與，以團體決策方式，應用腦力激盪術與KJ法貫穿整個活動，並配合其它技術與方法之實施，進行系統化之分析，主要目的在於整合經營者的理念，與核心成員的意見達成垂直和水平的整體溝通與協調，進而擬定出為達成企業願景的具體經營目標，並發展策略行動方案。本階段通常需要三天兩夜的活動時程，並適合在遠離工作環境的訓練中心或風景區實施，最高決策者須全程參與，團體成員食、宿在一起不但能不受外務干擾，更可藉機培養團體默契與共識。整個CWBP的活動由研究者以顧問的身份，導引全程，所有參與者的身份平等，不因職位高低而影響或干預活動的進行。

(二) 運用總體環境分析法

總體環境中許多變數都跟企業息息相關，其又可分成數個環境構面，尤其是以下幾項環境經常為企業策略規劃所分析及預測的，針對各項作以下說明：

1. **經濟環境**：經濟環境與企業營運息息相關，不論成本面或是利潤面都緊密相連，在經濟環境上，以下數個改變是極為重要的因素—

(1) 景氣循環週期的變化。
(2) 產業結構的變化。
(3) 平均所得的變化。
(4) 所得分配狀況的變化。

（5）消費支出型態的改變。

2. **自然科技環境**：自然科技環境緊扣著能源及原料二大生產因素，再加上技術的創新，組織必須針對自然科技環境做調整，才能創造優勢－

（1）原料的短缺帶動材料科技之發展。

（2）能源的短缺帶動替代能源科技之興起。

（3）環境污染日趨嚴重，帶動污染防治科技之發展。

（4）科技的進步改變了行銷的方式。

（5）科技應用與創新之能力影響企業的優勢。

3. **政治法律環境**：組織與政府之間的關係是十分緊密的，政府對於組織的政策、規範都有著直接的作用，政治法律環境的穩定，對於企業的營運具絕對的作用力。近幾年來，政治法律環境重要改變如下－

（1）影響行銷活動的法令日益增加：立法的目的是為維持公平競爭、保護消費者免於吃虧上當、保護社會上大多數人的利益。

（2）政府機構執行法律更為積極：與行銷活動的關係較為密切的政府機構有公平交易委員會、中央標準局、商品檢驗局、國貿局、投資審議委員會、衛生署、環境保護署、智慧財產局。

(3)政治更趨民主。

(4)加入 WTO 並嘗試加入 CPTPP。

4. **社會文化環境**：企業組織必須適應社會預期的轉變，當價值觀、生活水準、倫理道德等變化時，產品及相關服務也必須隨之改變—

(1)生活水準與生活品質。

(2)消費者保護運動。

(3)環境保護運動。

(4)企業倫理道德。

(5)文化變遷。

(三) 運用 Porter 五力分析，進行產業分析。

五力分析分別為新進入者的威脅、供應商的議價能力、購買者的議價能力、替代品或服務的威脅及現有廠商的競爭程度。透過五種競爭力量的分析有助於釐清企業所處之競爭環境，並有系統地瞭解產業中競爭的關鍵因素。五種競爭力能夠決定產業的獲利能力，它們影響了產品的價格、成本及必要的投資，每一種競爭力的強弱，決定於產業的結構或經濟及技術等特質。透過產業分

析模式，用來了解產業結構與競爭的因素，並建構整體的競爭策略。影響競爭及決定獨占強度的因素歸納五種力量，即為五力分析模式。

（四）運用 SWOT 分析，為企業維持優勢、改進劣勢、把握機會以及避免威脅。

為達成組織目標，管理者必須針對某些環境作偵測及分析，完成環境剖析與產品定位之後，必須開始思考，若要達成產品定位的目標，處於當前的內外部環境，如何掌握公司內部的優勢與劣勢：哪些優勢該維持？哪些劣勢應改善？哪些威脅要避免？哪些契機應把握。

1. 將內部、可控制的正向因素稱為之為優勢（S）。
2. 將內部、可控制的負向因素稱為之為劣勢（W）。
3. 將外部、不可控制的正向因素稱為之為契機（O）。
4. 將外部、不可控制的負向因素稱為之為威脅（T）。

（五）運用重要性績效分析（IPA），將重要性高但績效表現差的要因，定義為關鍵成功要因。

首先運用 Herzberg 兩因子理論，篩選出屬於激勵性之成功要因，再運用 IPA 衡量屬性的重要性及績效，以便進一步發展有效之行銷策略。其基本假設在於顧客對屬性的滿意水準，主要來自他們的期望與對產品或服務績效的判斷。利用此分析可產生重要的洞察力，瞭解公司的行銷組合，來釐清品牌、產品、服務的優勢與弱勢，確定公司需加強或減少某些地方資源的浪費。

五、CWBP 導入之成果

本研究針對之產品為A公司所研發出氟化物之機油添加劑。A公司成立之目標為推廣與發展本產品。本產品的基本原理即利用減低摩擦的薄膜層來支撐滑動負荷，摩擦阻力係兩物體相對運動時所遭遇到的抵抗或遲滯力量。當兩固體相互摩擦時，其對應接觸面上的粗糙凸出部分相互干涉會產生可觀的摩擦阻力，特別是表面較為粗糙者更加明顯。為克服摩擦阻力，需選用潤滑劑來有效的分開兩滑動表面，期間的摩擦阻力得以大大的減少，本研究所針對的此項產品是屬於邊界潤滑，此類型之機油添加劑可大大降低摩擦阻力延長引擎壽命（吳世榮,2005）。

依據本研究規劃之導入流程，茲將A公司之導入成果與所獲得之結論，說明如下：

（一）內、外部環境剖析之結果

1、總體環境分析

對於A公司的總體環境分析經由腦力激盪彙整後得到七個構面之探討成果：

(1)**消費者構面**：a.針對消費者的經濟能力以及機油添加劑因為省油，減少了消費者支出，當然受到消費者的歡迎。b. 藉由保護消費者權益，因此機油添加劑的臨床實驗多。c. 由於知識水準的上升，強化消費者對產品的認識，以提高對產品的認同度。

(2) **環境保護構面**：強化改善污染、節約能源、省油、延長機油壽命來加強推廣。

(3) **政府法律規範**：由於受到國際 CO_2 配額影響，政府必須制定有關此類產品的環保法規。

(4) **科技構面**：利用技術的創新，降低長久以來引擎產生的噪音，為消費者帶來安靜且舒適的環境。

(5) **經濟及競爭者構面**：競爭者多，不易出線。

(6) **產品本身構面**：利用經營策略形成規劃進而產生公司的使命、願景及核心能力。多樣化行銷，跳脫傳統，增加收益。

(7) **產品生命週期構面**：本產品經過分析，可知道目前位於導入期，針對導入期，為了充分發展本產品之效用，特針對此項產品可以有以下作為：

a. 正向效用：使用者經驗（兩年來的經驗）、產品原理、克服使用者心理障礙、類似產品比較、產品優點、產品責任險。

b. 負向效用：汽車電腦、駕車習慣、汽油種類、助燃劑（汽油添加物）

2、競爭環境分析

(1) 分析競爭者的產品和價格：

a. 市場需求形成價格上限，產品成本構成價格的下限，競爭者的價格則會壓縮公司的價格範圍。

b. 「貨比三家不吃虧」是消費者常抱的態度，因此在訂定價格時，必須分析和了解競爭者的產品和價格才能擬定有效的價格策略。

c. 價格可訂的比競爭者高一些，以塑造產品獨特的形象；也可把價格訂的比競爭者低，以吸引消費者。

(2) 目前本產品的原競爭者：

3M（清洗劑）、愛鐵強（汽油、機油）、摩托拉、司耐磨、一般油精、奈米油精（陶瓷釉顆粒、鑽石顆粒）、PTFE(鐵弗龍)，德國福士OMC2機油添加劑、福寶機油添加劑。

(3) 政府法令：

法令對於本產品的影響：由於目前政府對於相關產品並沒有十分明確的相關法規規範，因此建議可以尋求具公信力政府機關研訂相關創新性法規或效用認證。

3、公司環境分析

(1) 產銷關係是企業十分重要的網絡之一，不但關係著產品生產與供應的問題，也關係著產品銷售的問題。A公司與本產品供應商的關係良好，不會有貨源的問題。

(2) 行銷部門的定位：本產品之行銷部門定位為「顧客位居功能核心，行銷具整合其他部門之功能」。

(3) 行銷中間機構

本產品可能的行銷中間機構有以下五項：

a. 車隊：如社群領導人、車隊領隊等。

b. 原廠：如車友等。

c. 通路商：如汽車百貨精品、材料商等。

d. 個人：多層次傳銷。

e. 網路。

(4) 與公眾之間的關係

本產品針對目標市場或相關的群眾，都必須有一套應對及建立彼此關係的方案。

4、消費者分析有以下五項：

（1）確認問題或需求

a. 問題或需求的產生：購買的行為或過程的發生乃起源於消費者體認產生問題或需要，消費者感覺到實際狀態與他期望的狀態產生差異，因此產生填補缺口的需求，因此行銷人員必須找出引起消費者特定需要的環境，辨認何種刺激最能引起消費者的興趣，然後發展出行銷策略。

b. 如何引發消費者需求：對於這個階段來說，行銷者要設法找出可以引發消費者確認問題的環境。行銷者要了解：(a)消費者所激發的問題或需求之種類。(b)引發其需求的原因。(c)如何誘導消費者購買產品。因此，分析探討本產品對於消費者可能發生的需求因素有以下幾點：

(a)引擎無力。(b)耗油。(c)親身體認。(d)有力人士介紹。(e)使用口碑。(f)增加動力輸出。(g)車體震動。(h)開車異音。(i)增加極速。(j)保護車子。(k)被動指定使用。(l)廣告吸引。(m)好奇。

（2）蒐集及處理資訊：消費者可能接收到本產品資訊的管道如下：

a. 口耳相傳。b. 社群。c. 網路。d. 媒體。e. 促銷活動。f. 賣場。

(3) 評估可行方案時，須包括下列因素：

a. 產品屬性。b. 效用。c. 評估標準及重要性權數。d. 信念。e. 態度。f. 購買意願。

(4) 選擇：如何強化消費者對本產品的選擇，以下歸納五個主要項目及六個輔助項目：

a. 主要項目：(a)受益提醒。(b)優惠條件及期限。(c)強力推薦。(d)效果評估。(e)強化專業形象。

b. 輔助項目：(a)合理價格。(b)臨場環境。(c)時間安排。(d)說服力訓練。(e)二選一的談判技巧。

(f)善用外部變因。

(5) 購後行為：分為購後滿意程度、購後行動。

a. 顧客的滿意度是由購買前的期望和購買後的知覺績效相比較之後產生的，如果購買後的知覺績效大於購買前的期望則顧客滿意，相反地，如果低於購買前的期望，則顧客不滿意。

b. 影響購買前期望的因素有：銷售者提供的資訊、他人的意見、消費者個人使用經驗。如果銷售者誇大其辭，消費者的預期不能實現，即導致不滿意情況的發生。預期與實際的結果差距愈大，消費者就愈不滿意。這種理論是提醒銷售者宣傳產品時，應儘量能符合產品的實際功能，使消費者有超過預期的滿意感。結果如表7所示：

表 7 消費者購後行為

正向	負向
省油 10%～87%	加後沒感覺
引擎運轉順暢	沒省油
極速增加	沒力
馬力扭力提高	效果遞減（突然下降）
瞬間加速快	修配廠抱怨（引擎較不需維修）
效果維持一萬公里以上	
增加引擎壽命	
維修費下降	
減少噪音	

（二）經由環境分析後，我們歸納A公司的使命及願景如下：

1. 願景：以革新益世的精神，運用新數據新思維，突破傳統創造新價值。
2. 使命：(1)消費新知。(2)資訊交流。(3)新思維。(4)品牌形象。(5)創造最大共同利益。
3. 現代策略行銷的核心是所謂的STP行銷，即市場區隔（segmenting）、市場目標（targeting）及市場定位（positioning），針對本產品的定位可以分為以下數點來討論：

（1）屬性定位：是輕便的，四兩撥千金。
（2）利益定位：可以幫消費者節省支出，增加可支用所得。
（3）使用/應用：提高速度、增加馬力、提高扭力。
（4）競爭者定位：車廠、類似產品。
（5）產品類別定位：車主的良伴。
（6）品質/價格定位：低價格高品質。

（三）SWOT分析

將A公司的周邊環境經模組化分析及歸納之後，運用SWOT分析表示如圖2：

S	O
1. 財務狀況好 2. 車隊相當認同 3. 人際網路資源豐富 4. 原料專業知識豐富 5. 產品效用大、實例多 6. 包裝高尚 7. 對本產品深具信心 8. 公司核心能力清楚 9. 資源經驗豐富、結合無工廠觀念之優勢	1. 四輪傳動車流行 2. 政府機關採購使用 3. 高鐵成立、遊覽車營運困難 4. 沒有法令限制 5. 國民所得高 6. 油價升漲 7. 市場開放自由化 8. 通路開放資源整合
W	**T**
1. 行銷制度待建立 2. 人員尚不足 3. 品牌知名度不足 4. 實際操作經驗不足 5. 管理制度不足尚未標準化 6. 研發團隊 7. 產品線少	1. 政治環境不平靜 2. 經濟不景氣惡化 3. 車廠抵制 4. 消費者之心理障礙 5. 它牌惡意中傷 6. 柴油引擎風行 7. 美國正流行省油柴轎車，明年起全球各地會跟進 8. 汽車電腦太聰明，不會立即有感受

圖 2 A 公司 SWOT 分析表

1. **SO 策略**：如何維持優勢，以掌握機會。
例如：S9 － O8：資源經驗豐富、結合無工廠觀念之優勢有利於通路的建立。

2. **ST 策略**：如何維持優勢，以避免威脅。
例如：S5 － T4：產品效用大、實例多消除消費者的心理障礙。

3. **WO 策略**：如何改善劣勢，以掌握機會。
例如：W3 － O7：建立品牌知名度，以把握市場自由化帶來的商機。

4. **WT 策略**：如何改善劣勢，以避免威脅。
例如：W5 － T4：以管理制度標準化維持品質，以消除消費者的心理。

（四）成功的要因

經過一連串的策略規劃流程，最後必須針對成功的要因進行最後的確認，我們將A公司的成功要因歸納如下，並藉由重要性績效表現分析（IPA）來做最後的評估，如圖3。

A公司的成功要因：

1. **優先改善因素**：重要性高績效表現不好，即所謂之關鍵成功要因(KSF)，包括：行銷制度、制度標準化、人才訓練、與權責劃分等因素。
2. **持續改善因素**：績效表現高且重要性也高，包括：品質確立因素。
3. **次要改善因素**：績效表現差且重要性也差的部分，包括：對車輛本身運行的了解、財務規劃等兩因素。
4. **不再投資因素**：績效表現好但重要性差的部分，包括：持續的研發能力、產能足夠等兩因素。

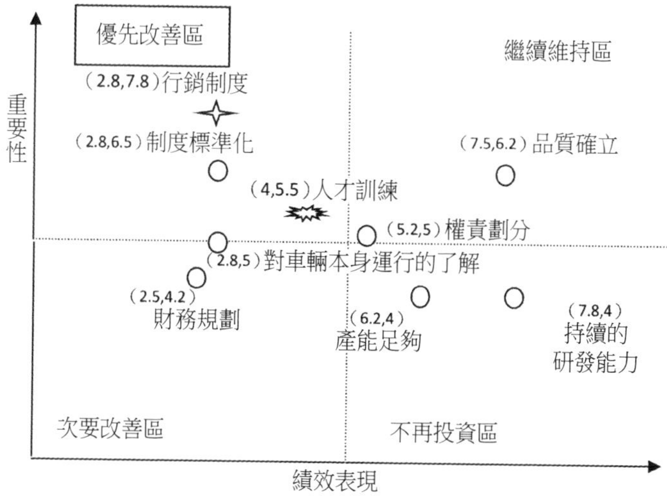

圖 3 重要性績效表現分析圖

（五）策略行動方案

策略行動方案之規劃乃以關鍵成功要因為依據，基於利益定位配合消費者使用定位，將本產品的顧客群劃分為五類做為擬定策略行動方案之依據，說明如下：

1. **尊貴舒適型**：此類消費者使用本產品最主要目的為減震、減少噪音，增加座車舒適度，他們對於生活品質較為重視，並樂於支付相當代價去換得較舒適或較良好的生活品質及享受。
2. **極速專家型**：此類消費者顧名思義就是為了提高車輛極速，此類消費者是專業的，如賽車手或是車隊，其對於產品形象有提昇作用，且對於產品的需求量較大也較穩定。
3. **經濟省油型**：此類消費者多是職業駕駛手，如計程車司機、客車司機、物流司機，其對於用油量是錙銖必較的，因此針對這類的消費者，一定要提出有利的成本利益分析，舉出買一瓶本產品，可為他們節省多少油錢，因此在省油省錢上必須極力地強調。
4. **扭力悍將型**：此類消費者在駕駛車輛時，可能因為爬坡、爬山的原因，對車輛的馬力及扭力特別重視，尤其是近幾年台灣休閒風氣日盛，對於休旅車的需求提高，因此針對這片市場可以作為主打策略。
5. **愛車如己型**：此類車主對功能性較沒有明顯要求，但他們使用本產品很有可能僅是想提高引擎壽命，延長使用年限，其對於車輛的認識可能不是很專業，例如年輕女性消費者，但他們很有可能因車廠推薦或廣告，為了愛車而消費本產品。

六、結論與建議

（一）結論

在導入工作完成之三個月後，與A公司之高階主管們探討本案，並追蹤其實施成效，深獲肯定，所得之結論如下：

1. 本研究中針對A公司所導入經營策略形成模式，能為其提供許多經營策略及營運方針，以面對日趨激烈的競爭環境。經公司實際經營後，透過個案導入而驗證全公司經營策略規劃之實用性，確實可為新產品在未知且瞬息萬變之消費市場上，成功發展市場經營策略。例如針對極速專家型顧客，以刊登廣告在專業雜誌與贊助專業賽車手來推廣產品。針對經濟省油型顧客，在南部以大貨車與拖車司機為主打對象，產品銷售業績極佳。針對扭力悍將型顧客，在北部以刊登旅遊雜誌為手段，並提供試用品。

2. 企業經營策略形成之成功與否，除了經營策略形成模式的設計，及運用的技術與方法之外，最重要的是在導入的過程中企業體共識的建立，及事前準備工作如下：

(1) 經營者與董事會的支持與參與。

(2) 參與成員應用創造性（策略性）思考的能力、意願與氣候。

(3) 參與成員的篩選。

(4) 改造企業階層組織（本位主義）心態。

(5) 建立環境情報蒐集機制。

(6) 成立策略規劃諮詢委員會。

(7) 召開導入研習會。

(8) 慎選策略形成活動的主持人。

（二）建議

1. 對本研究之建議：對於A公司進行長期的追蹤與探討，A公司之未來策略方向是否依據 CWBP 所規劃之企業經營方向進行努力。後續並可運用問卷針對A公司之中高階主管及當初參與策略規劃的成員進行了解。以驗證 CWBP 的實用性、策略規劃的執行成效及是否有窒礙難行之處。

2. 對後續研究之建議：有關於策略規劃之想法及作法不斷推陳出新，舉例來說有關於利害關係人、藍海策略以及近年來國內策略規劃所推

個案2：經營策略之探討－以開泰碗餐廳為例

本研究成果以周少凱教授所提出的策略規劃程序進行研究個案之策略規劃總共分為五個項目，一、企業定位，二、經營環境偵測，三、競爭態勢分析，四、成功要因分析，五、擬定行動方案。

一、企業定位

本研究運用腦力激盪法，以開泰碗餐廳研究團隊作為參與成員，共同探討餐廳之未來願景與使命，透過參與成員提出之建議彙整分類為：經營成本、菜單種類、環境設備、內部管理、行銷方案，作為開泰碗餐廳未來願景與使命擬定之依據。

（一）腦力激盪（願景、使命）

本研究以餐飲業為方向，和企業高階主管進行腦力激盪，與參與成員以名詞或動詞提出的創意想法歸納如下：

1. **經營成本**：地點、租金、設備、人、時間。
2. **菜單種類**：西餐、中餐、日料、素食、泰式、越南料理、麵包、甜點。
3. **環境設備**：包廂、停車場、廁所、KTV、景觀、寵物放置、兒童遊戲區、消防設備。
4. **內部管理**：服務、人員訓練與管理、活動企劃內容、獎懲制度、食材控管、品質把關、產學合作。

5. **行銷方案**：買廣告和關鍵字、架設網站、發放優惠券、社交軟體推廣、代言人、招呼口號。

本研究以餐飲業為發想，本研究之個案研究以開泰碗餐廳為研究對象，經由腦力激盪之成果作為依據，進行五大分類包括經營成本、菜單種類、環境設備、內部管理、行銷方案，並針對開泰碗餐廳提出該公司之願景和使命。

（二）開泰碗餐廳的使命

開泰碗餐廳的使命為提供顧客在優美安全的環境中享用健康美味的餐點，並向國外觀光客宣傳台灣美食，在招募員工的方面為了能幫助更多社會弱勢族群，採用優先錄取的方式，提供更多就業機會希望能藉此改善他們的生活。

（三）開泰碗餐廳的願景

開泰碗餐廳其中的「開泰」寓意著平安、安定、泰適、美好泰運之意。開泰碗不僅僅只是提供料理給顧客；所要提供的是溫暖的、溫馨的餐飲環境以及優質健康的餐飲服務，希望顧客在愉悅享受美饌的同時，也能感受幸福氛圍、喚醒味蕾的感動，為每位顧客提供最幸福的用餐體驗。

（四）市場定位

本研究以市場區隔STP法，與開泰碗餐廳之之研究團隊互相討論後，進行市場評估得到以下結果，以示意圖展現開泰碗餐廳未來的目標市場。本研究分析出開泰碗餐廳未來的目標市場將以高階商務團體顧客為目標客群，餐廳地點會規劃設在市區，並提供會議、活動等多功能商務空間，更加便利於消費者接待合作對象。如圖4示意圖所示：

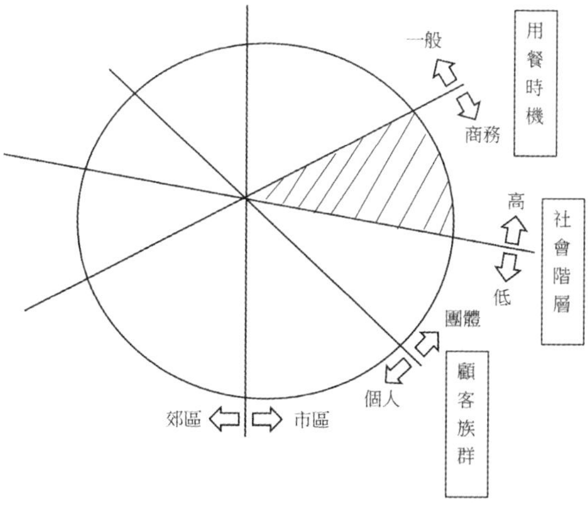

圖4 STP分析圖

二、經營環境偵測

本研究規劃完成企業定位後，開泰碗餐廳接續進行總體環境分析、產業生命週期、五力分析、顧客需求週期分析與組織架構圖等分析。探討開泰碗餐廳之經營環境偵測，確認企業定位是否符合環境需求以及作為競爭態勢分析之依據。

(一)PEST分析

本研究針對開泰碗餐廳進行總體環境分析，以政治、經濟、社會、科技等各種因素，與開泰碗餐廳之研究團隊互相討論得到以下結果。

1. **政治 (Political)**

開泰碗餐廳是具有合法營業登記牌照之營業餐廳，歸類於餐飲業，必須遵守食安法與消防法等政府頒令之法規規範，其性質屬於服務業，所以也受到勞基法之影響，以上各種因素皆會影響開泰碗餐廳的運作。

2. **經濟 (Economic)**

除了淡、旺季之外，近年來物價持續上漲，除了原物料上漲外人民的收入所得似乎沒有受到這些因素而隨著調漲，反而悄悄地改變了社會大眾的支出習慣，造成了景氣的變動，面對這些環境問題，開泰碗餐廳也持續受到影響。

3. **社會 (Social)**

開泰碗餐廳屬於餐飲業，近年來隨著社會的人口分布、

表 8 總體環境分析

政治(Political)	經濟(Economic)
1. 一例一休 2. 環境評估 3. 合法登記(營業牌照) 4. 食品安全相關法規 5. 消防法	1. 淡、旺季 2. 收入所得 3. 原料、能源成本 4. 消費者支出型態改變 5. 經濟景氣
社會(Social)	**技術(Technological)**
1. 人口分布 2. 生活型態 3. 健康觀念 4. 飲食習慣 5. 家庭結構	1. 手機預約訂位 2. 行動支付、條碼 3. QR Code 滿意度調查

家庭型態、生活方式的因素而改變了人們的飲食習慣，近年來外食族已經是現今社會的一大族群，也因為吃到飽火鍋，沒有固定食材是由顧客喜好挑選的食材，對於現代人們健康飲食的意識及觀念提升，開泰碗餐廳除了應該注重食材的新鮮與安全並應提供衛生與舒適的用餐環境。

4. 技術 (Technological)

在這個科技發達，步伐緊湊的時代裡，開泰碗餐廳使用手機 APP 採線上預約訂位和預訂菜單，以節省用餐等候時間，使顧客更方便迅速的用餐，除了傳統的現金及信用卡支付，為了讓顧客有更多結帳的選擇也開始使用行動支付，而現代人使用手機的習慣及因應環保，本餐廳的餐後滿意度問卷採用 QR Core 掃描線上填寫不浪費紙張。

(二) 產業生命週期

本研究根據市場調查，現今的餐飲業在產業生命週期處於成熟期，市場的產品佔有率與銷售量皆已達到飽和，競爭處於最激烈的時候，然而本研究之餐廳正處於進入市場的策略規劃

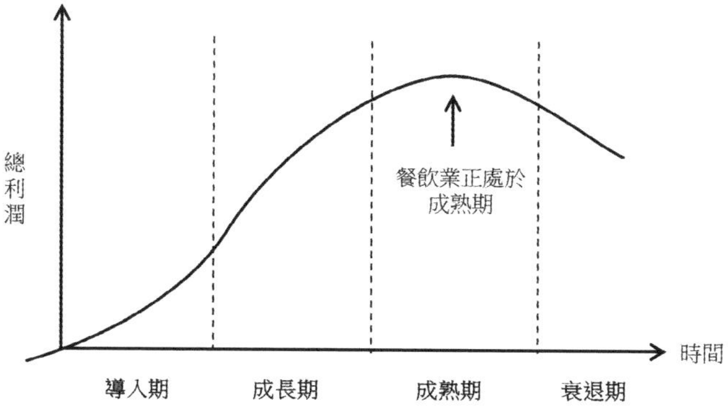

圖 5：產業生命週期

階段，因此，如何在處於成熟期的餐飲市場中脫穎而出，必須規劃出具有特色之餐飲與服務。

（三）五力分析

本研究透過與開泰碗餐廳之研究團隊進行腦力激盪後，以五力分析了解餐飲業之現況，並從目前餐飲產業之消費者議價能力、供應商議價能力、潛在進入者威脅、替代品威脅、現有競爭者威脅等進行分析。

1. 消費者議價能力

開泰碗餐廳價格皆是統一定價，大多數的消費者都會覺得合理，所以一般消費者的議價能力低。

2. 供應商議價能力

開泰碗餐廳雖然有大量的食材需求但因食材種類繁多，難以與單一供應商訂購所有的食材，須向不同供應商進貨，無法向供應商要求較高的折扣，因此供應商議價能力高。

3. 潛在進入者威脅

因為餐飲業的進入門檻低，不需要太多的資金及技術，容易吸引創業者投資或加入，因此潛在的進入者威脅度極高。

4. 替代品威脅

因為現在家庭結構以及飲食習慣改變，消費者偏向於選擇各式料理的專門店，或是選擇較便宜且省時的路邊攤販，因此在品質上稍微不注意很容易流失客人。

5. 現有競爭者威脅

市場上與開泰碗餐廳相似的店家非常多，例如：饗食天堂、海底撈、王品集團⋯等諸如此類的餐廳，都主打高品質且顧客至上的服務態度，且有各式各樣價格便宜選擇種類繁多的路邊小吃，因此現有競爭者威脅極高。

依上述的結果開泰碗餐廳擬定行動方案，在進貨方面以尋求供應商縮減廠商的數量，且和廠商擬簽長期合約以此拿到更好的食材及優惠的價格，面對各種競爭者，我們決定開發出特色菜來做出差異性，且注意市場的走向及飲食趨勢，依據這些外在條件，每季都更換菜單來吸引消費者。

（四）顧客需求週期分析

本研究針對顧客需求週期，經由腦力激盪分析，各個階段之顧客需求，並針對個階段之顧客需求，分別提出相對應之策略方案，以滿足顧客之需求，例如顧客確認問題或需求時，會考量停車、食安與會談空間，因此必須針對相關需求提出解決方案，包括尋找特約停車場、提供與小農合作之食安認證以及規劃獨立會議室。如表9所示：

表 9 顧客購買決策

確認問題或需求	資料蒐集及處理	評估可行方案	選擇	購後行為
進入市場門檻低	1. 購買關鍵字和廣告 2. 網美或部落客業配	資金有限時以購買關鍵字為優先	✓	1. 提高知名度 2. 提升服務品質（售後） 3. 發放集點卡
市區內不易停車	特約停車場或買地	特約停車場優先	✓	
食安問題	1. 做認證 2. 直接和小農合作	認證與小農合作同時進行	✓	
顧客需求頻率低	不定期提供優惠和發放優惠券	發放集點卡	✓	
商務會談空間	設置適合會談空間	規劃獨立會議室	✓	

（五）開泰碗餐廳組織架構圖

本研究以腦力激盪法，規劃出開泰碗餐廳組織圖，以中央廚房統一訂購及配送食材以確保品質，並設立資訊部門管理餐廳網站加強網路行銷，尋找合適的代言人推廣知名度，業務和外部洽談其他相關合作事宜，人員部份為了加強員工的能力，將定期舉辦教育訓練，最終由財務部控制各部門資金，以利公司整體運作。

三、競爭態勢分析

本研究透過周邊環境經由模組化分析及彙整後，隨後先運用 SWOT 分析來針對開泰碗餐廳進行強弱危機分析，再利用 TOWS 分析根據開泰碗餐廳的 SWOT 分析優勢、劣勢、機會及威脅四項要素進行分析，舉出開泰碗餐廳之 SO 策略、wo 策略、ST 策略

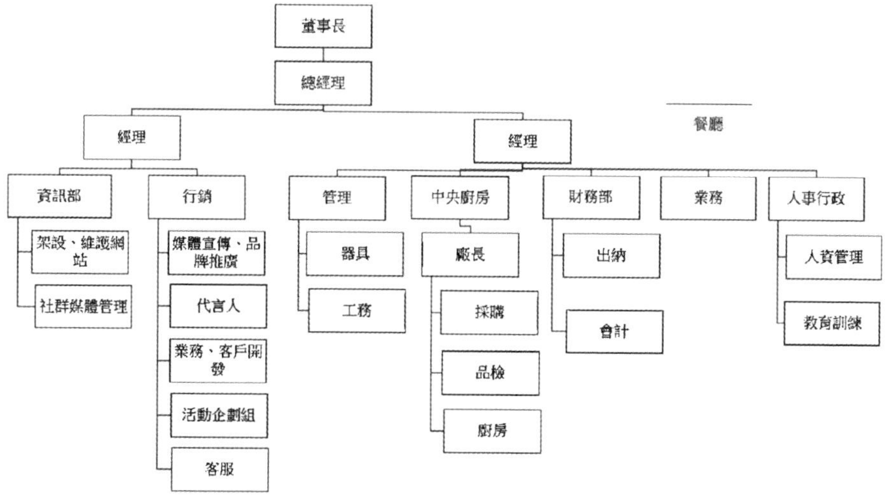

圖 6：組織架構圖

以及 WT 策略，以矩陣方式排列呈現，並作為開泰碗餐廳擬定未來經營策略行動方案之依據。

（一）SWOT 分析

本研究透過環境分析得知內外部環境趨勢，再進行競爭態勢分析以得到開泰碗餐廳之優勢 (Strengths)、劣勢 (Weaknesses)、機會 (Opportunities)、威脅 (Threats)。

（二）TOWS 分析

本研究以 SWOT 分析為依據，兩兩交叉分析後得到未來的經營策略方向。如以下：

1. S2,4,5,6O3：抓住國定假日的機會，舉辦期間限定活動，提供良好環境和額外的設施與折扣。
2. S4O1：把握外食族增加的趨勢，提供多樣化菜色提供不同客群。

表 10：SWOT 分析

優勢(Strengths)	機會(Opportunities)
1. 高品質的食材 2. 卓越的空間環境 3. 完整的員工訓練 4. 產品組合深、長，且具一致性 5. 提供額外娛樂設施 6. 折扣多 7. 地點佳，人流多	1. 外食族增加 2. 政府觀光政策 3. 國定假日節慶 4. 現金消費客飲食喜好種類寬
劣勢(Weaknesses)	威脅(Threats)
1. 價位過高 2. 處商業地段成本高 3. 新品牌知名度低 4. 無外帶服務之規劃	1. 現有市場競爭對手眾多 2. 消費者飲食習慣改變，崇尚蔬食 3. 市場飽和 4. 成本(食材價格波動) 5. 食安問題 6. 新冠疫情

3. S1T5：嚴格控管食材來源，並與上游整合。
4. S4T2：以深長的產品組合留住改變飲食習慣的消費者。
5. O4W1：現今消費者更注重飲食的品質，所以高價位接受者增加。
6. W1O3：透過節慶推出優惠折扣，吸引顧客光臨。
7. W1,2T4：因為定價及成本過高會導致收益不佳，為解決此狀況開泰碗餐廳除了提供高品質的食材及服務之外，也有許多優惠方案，以此提高來客翻桌率以維持收益。
8. W4T6：規劃外帶服務，以把握因新冠疫情而不外食之族群。

綜合上述，本研究運用 SWOT/TOWS 分析提出未來經營策略方向，並經由成功要因分析彙整出優先順序，以確認未來經營策略行動方案之執行順序。

四、成功要因分析

本研究根據與開泰碗餐廳研究團隊進行一系列策略規劃，最後針對成功要因進行最後確認，藉由重要性績效表現分析 (IPA) 來做最後的評估，經過與開泰碗研究團隊分別對重要性及績效表現等因素給予評比後，並個別以其平均數其成功因素之重要性與績效表現做比較，求得平均數後繪製出重要性績效評分圖。

本研究針對開泰碗餐廳進行個案訪談彙整出12項成功因素，再由開泰碗研究團隊深入對成功因素重要性與績效表現進行評比，運用IPA統計運算後將成功因素進行歸納，作為擬定優先改善的項目行動方案之依據。

（一）重要績效表現分析

經過上述的策略規劃流程，最後針對成功要因進行最後之確認，並藉由重要性績效表現分析(IPA)做最後評估。

本研究由開泰碗餐廳研究團隊分別對重要性及績效表現等因素給予評比，算出平均值之後繪製出重要性績效評分圖，再依據優先改善的項目擬定行動之方案。

表11： 重要度－表現分析

項次	成功要因	重要性	績效表現
1	多樣化	8.8	8.8
2	服務品質	8.5	8.2
3	行銷策略	8.9	7.3
4	人員管理	8	7.6
5	銷售通路	7.6	7
6	經營策略	8.3	7.6
7	成本控管	7.4	7.3
8	社群經營	7.3	6.3
9	官方app	8.9	7.3
10	知名度	8.8	6.9
11	設備管理	7.2	7
12	企業形象	7.3	6.6
平均		8.1	7.3

由表11得知，本研究依序評比出的分數，首先重要性運算出平均數為8.1分，其中以行銷策略以及官方APP是在重要性中評分最高的，而設備管理則是最低；接著，以績效表現來說平均數為7.3分，其中以多樣化是在績效表現中評分最高的，最低的則是社群經營。

(二) 重要績效表現分析結果

本研究利用上述表11重要度-表現分析評分表，以重要性與績效表現之平均值，依據評分結果為8.1與7.3劃分出四象限的矩陣圖，重要性於X軸，績效表現落於Y軸，再依據每個成功要因所求得之平均數，將各成功要因放置於四象限之中，整理出開泰碗餐廳之IPA重要性表現分析矩陣，依照重要程度與表現程度要素分數平均值劃分成四個象限，並將各個成功要因區分成：繼續保持區、優先改善區、次要改善區、不再投資區，共四個象限，如圖7所示。

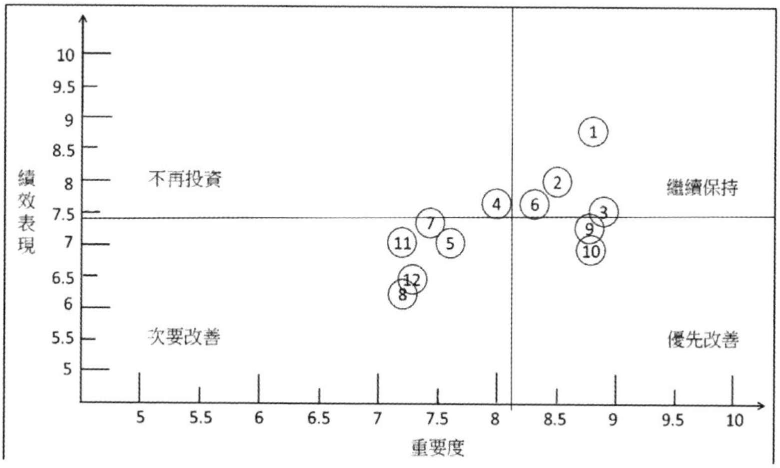

圖7：績效-重要性矩陣分析

由上述結果得知，本研究經由整理後的重要性績效表現矩陣分析，從成功要因中篩選出重要性高，但績效表現有改善空間且須優先改善的三個關鍵成功要因，包括：行銷策略、官方APP、知名度，並運用SWOT/TOWS分析未來經營策略方向，作為開泰碗餐廳擬定未來之經營策略行動方案。

五、擬定行動方案

本研究依據上述SWOT/TOWS分析提出未來經營策略方向，並經由重要性績效表現矩陣分析結果，從成功要因中篩選出重要性高，但績效表現有改善空間且須優先改善的三個關鍵成功要因，包括：行銷策略、官方APP、知名度等，最後由開泰碗餐廳研究團隊在多次討論後，最終擬訂研發開泰碗餐廳吸引來客率之行動方案，方案目標

表12：績效－重要性矩陣分析表

象限	經營策略
第一象限 － 繼續保持區	01.多樣化 02.服務品質 06.經營策略
第二象限 － 優先改善區	03.行銷策略 09.官方app 10.知名度
第三象限 － 次要改善區	05.銷售通路 07.成本控管 08.社群經營 11.設備管理 12.企業形象
第四象限 －不再投資區	04.人員管理

則設定為在三個月內藉由開泰碗餐廳 APP 以吸引來客率，如表13所示。

本研究運用個案分析針對行銷策略、官方APP與知名度三個關鍵成功要因提出行動方案後，為了確認行動方案之可行性再次進行經營者訪談，訪談結果彙整如下：

（一）行銷策略

1. 在社群平台拍照打卡給優惠。
2. 根據節慶舉辦相關活動並抽獎。
3. 經常開直播宣傳資訊。

（二）銷售通路

1. 傳統店面。
2. 把餐點做成外帶商品與外送平台合作。
3. 和超商合作節日限定的團購商品。

表 13：開泰碗餐廳吸引來客率專案進度表

項次	工作內容	負責單位	時程控制(三個月)					
1	召開企劃會議	全體	■					
2	APP 討論與設計	資訊部門	■	■				
3	研發 APP 之各項風險評估	資訊部門	■	■				
4	召開第二次會議及公布 APP 之 Demo	全體		■	■			
5	向執行長彙報及請求審核	行銷部門			■	■		
6	核准及提撥預算	財務部門				■		
7	執行介面設計及製作	行銷部門				■	■	■
8	APP 上市及推廣(餐廳開業時)	資訊部門及營運部門						

（三） 官方 APP

1. 提供線上訂位與外帶系統。
2. 各大優惠搶先通知。
3. 特殊菜色可提早預訂或預留。

（四） 知名度

1. 聘請代言人。
2. 購買 google 關鍵字。
3. 請 YOUTUBER 來拍影片做宣傳。

本研究針對即將開業之開泰碗餐廳進行策略規劃，在完成各階段分析之後針對三個關鍵成功要因，提出開泰碗餐廳吸引來客率之專案，提出行銷策略，來完善專案不足之處，並經由開泰碗研究團隊提出具體可行之作法以落實專案。

六、結論

餐飲業因市場達到飽和狀態已久，根據經濟部統計處 (2019) 指示，台灣餐飲業雖然經歷一次次的食安風波，但外食人口卻不減反增，根據研究台灣餐飲業商家之家數已從民國 104 年的 124,124 家升至 108 年的 146,009 家，許多餐廳都已跳脫以往的舊觀念及經營模式，因此本研究擬定分析目前餐飲業之經營狀況，由環境偵測分析開泰碗餐廳之現況，並以公司經營策略（CWBP）為架構提出餐廳之經營銷售策略。

根據研究目的採質性研究方法，藉由蒐集資料與開泰碗餐廳之研究團隊進行腦力激盪，以確認餐廳之定位，並決定將餐廳未來的目標市場設定為高階商務團體洽公用途；並利用環境偵測及競爭態勢分析對餐廳內外環境之優劣勢加以探討，運用 SWOT 與 TOWS 分析擬定開泰碗餐廳的經營策略方向，為了在眾多競爭對手中脫穎而出，不與趨勢脫節，最終以擬定先已增加曝光率為優先再推出跟上節慶或時事之店鋪活動以吸引顧客；再利用關鍵成功要因法找出成功因素之後運用重要度 - 表現分析法 IPA 分析探究重要度高但績效表現差之成功要因，得到結論為增加來客率之專案，以此擬訂開泰碗餐廳之策略行動方案。

開泰碗餐廳依據關鍵成功要因擬定未來之行動方案，最終以擬定吸引來客率專案，方案目標設定在三個月內完成，讓消費者除了可以在 APP 上得到最新優惠消息，並提供預訂特殊菜色與外帶服務，以及購買 Google 關鍵字，提升知名度的行銷策略。

七、建議

開泰碗餐廳其中的「開泰」寓意著平安、安定、泰適、美好泰運之意。開泰碗餐廳不僅僅只是提供料理給顧客；所要提供的是溫暖的、溫馨的餐飲環境以及優質的餐飲服務，希望顧客在愉悅享受美饌的同時，也能感受幸福氛圍、喚醒味蕾的感動，為每位顧客提供最幸福的用餐體驗，滿足每位顧客的需求。

開泰碗餐廳之關鍵成功要因包括：行銷策略、官方 APP 及知名度等三項因素。因此，本研究建議可先加強網路行銷之相關方案，如購買關鍵字和平台廣告，並善用人們使用手機搜尋餐廳的習性增加曝光率，並定期更新官網、社群網站之頁面及內容，不再拘束於傳統的店面銷售通路，利用節慶行銷時機在官網上推出限定套餐，並與超商合作推出團購餐點，善用外送平台拓展外帶銷售通路，餐廳將以 APP 預約為主，電話預約為輔，主動推薦特殊菜色，了解顧客商務需求並提供客製化之專業服務。餐廳順利開業後，並與知名網紅與 YOUTUBER 合作，運用直播、拍攝短片、撰寫文案與現場拍照打卡等行銷手法，提高知名度增加來客率。

陸、結語

愛因斯坦曾經說過「觀念決定行為，行為決定結果」，五常德必須落實到現代社會，才有永續發展的空間，面對現代化社會所帶來的困境，五常德必須以內在豐富的意涵超越，並以積極的態度使其發揮功能。「落實於文化」也正是考驗五常德是否能在現代化社會發揮其功能，透過社群意識的建立、教育方式的宣揚、與其他藝術的結合、知識份子的身教言教影響，五常德確實能重新得到社會地位。五常德所散發的智慧，非但不是過時的產物，更能呈現歷久彌新的時代意義，因此，當現代化社會逐漸顯現弊病時，正可從傳統中尋找解決之道，這也是符合文化需求。

因為人不是機器而是富有思維活動的一種高級動物，只有使員工具有核心價值思想，這種價值思想驅使員工憑藉這種觀念制約自身的不好的習慣，達到自我管理、自願遵守管理的目的，組織管理才能達到效率與效能。

對管理者而言，五常德既是管理者素質修煉的標準，是對員工管理的價值體系核心要素，也是管理員工的基本要求。離開這五個標準，對員工的管理就會成為無源之水，無本之木。落實這五個標準，依此引導教育員工按其標準要求自己，修煉自己，那麼就會提高管理績效，組織就會得到和諧發展。因此，善用五步心法建立企業與自我核心價值：首重身體健康、建構人際關係、維持家庭和諧、努力事業經營、最後達成自我成長的目標。

柒、參考書目

1. 方世杰（1996），企業交易模式影響因素之探討。國立台灣大學商業研究所碩士論文。
2. 司徒達賢（2004），策略管理新論：觀念架構與分析方法，台北：智勝。
3. 伍家德（1999），企業策略與策略構想關係之研究。第十四屆全國技術及職業教育研討會，台北市：教育部。
4. 沈翠蓮（2005），創意原理與設計，台北：五南。
5. 吳世榮（2005），合成潤滑劑及其使用效益評估（一），石油情報月刊，116，5-7。
6. 吳世榮（2005），合成潤滑劑及其使用效益評估（二），石油情報月刊，117，5-7。
7. 吳世榮（2005），台灣工業潤滑油市場的變化，石油情報月刊，118，8-9。

8. 吳芝儀、李奉儒 譯（1995），質的評鑑與研究，台北：桂冠。

9. 吳思華（2000），策略九說 – 策略思考的本質，台北：臉譜。

10. 吳秉恩（1991），組織行為學，台北：華泰。

11. 林金榜 譯（2003），策略巡禮，台北：商周。

12. 周少凱 (2001)，建立私立技專校院經營策略形成架構之研究，國立彰化師範大學工業教育學系博士論文。

13. 周旭華 譯（2004），競爭策略（一版），台北：天下文化。

14. 季明（2014）。古代中華思想中的核心價值觀。http://theory.people.com.cn/BIG5/n/2014/0213/c40531-24348761.html

15. 胡幼慧（1996），質性研究：理論、方法及本土女性研究實例，台北：巨流。

16. 范天華 (2002)，汽車業上市公司經營策略之個案研究，國立政治大學經營管理碩士學位學程畢業論文。

17. 許士軍（1998），迎接世紀管理的新觀念，企業人力資源管理診斷專案研究成果研討會。中壢：

中央大學。
18. 許士軍（2006），談管理：洞悉 84 則管理新語，台北：天下文化。
19. 許是祥 譯（1987），企業策略管理（三版），台北：中華企管。
20. 黃靖文（2002），知識管理、人力資源管理與經營策略間關係之研究－以高科技公司為例，國立成功大學企業管理研究所碩士論文。
21. 黃營杉、楊景傳 譯（2004），策略管理（六版），台北：華泰。
22. 黃營杉 譯（1999），策略管理（七版），台北：新陸。
23. 黃君葆、何文榮 譯（1999），今日管理（修訂版），台北：新陸書局。
24. 程天縱（2018）。創客創業導師程天縱的管理力。台北：商周出版。
25. 鄭幼如（2018）。八型企業文化成功學。哈佛商業評論。1 月號。
26. 劉振琪與林採梅（2010）。儒學與現代化社會。東海大學圖書館館訊；111 期。P. 65 - 74。
27. 謝衛先（2019）。)kknews, 每日頭條。https://kknews.cc/news/na5gr3g.html

28. Ansoff, L.（1990）.Implanting Strategic Management. Prentice-Hall International(UK).

29. Chandler, A. D.（1962）.West Strategic and Structure. Cambridge, Mass: MIT Press.

30. Szulanski, G., and Amin, K.（2001）. Learning to Make Strategy：Balancing Discipline and Imagination. Long Range Planning, 34, 537-556.

31. Hofer, C. W. & Schendel, D.（1978）. Strategic Formulation：Analytical Concepts, Minn.：West Publishing Company.

32. Liedtka, J. M.（1998）. Strategic Thinking：Can it be taught？. Long Range Planning, 31,120-129.

33. Prahalad, C. K. and Gary, H.（1990）.The Core Competence of the Corporation. Harvard Business Review.68（3）,79-92.

34. Robbin, S. P.（1992）. Organizational Behavior.（6th ed）, NJ, Prentice-Hall.

35. Werner, K.（2006）. Strategic Management Practice in Latin American. Journal of Business Research, 59, 305-309.

附錄一

綜合報告

主題：人才發展與企業經營

報告人：新光證券台中分公司　詹悅珠　協理

教尊、各位教授、各位企業界的先進、各位修士大家午安：

今天，很榮幸代表我們這組—人才發展與企業經營，就剛剛所討論的內容，簡單的跟大家做個報告，跟大家一起來分享。

我們都知道，人是企業的本錢，企業要發展的每一件事情，都要靠人來完成。所以說，一個企業要如何留住人才，其實含括的層面很廣，包括對工作的滿意度、企業的形象，還有我們剛剛討論到的，公司未來的發展，企業的文化，以及薪資報酬福利等等，都是影響企業留住人才的因素所在。

但是，最主要的，要怎麼樣才能夠真正的留住人才呢?其實教育訓練跟學習的環境，還有策略，都是很重要的。一個企業要做好內部的教育訓練，是必須要有規劃，要有計畫的；教育訓練，必須根據企業經營的目標、核心價值來規劃。以服務業來說，標題可能是客戶第一、員工第二、老闆第三。那客戶第一，教育訓練的方式，就會以客戶為導向，可能會有「動感的服務」，如何更熱情的去服務客戶，讓客戶感受到熱情溫暖。公司提供的教育訓練就會是，如何了解客戶需求，如何與客戶應對……等等，這些都是公司所安排的教育訓練的課程內容。

在員工的部分，員工必須要知道公司的目標、公司的方向，以及自己準備在單位內如何自我成長、如何精進增能，如此才能夠跟著公司的腳步前進。其實教育訓練，是一個改進跟提高社會跟企業整體效能的途徑，它是透過提高人員的素質跟能力，促進管理工作的優化，進而達到企業的目標。在辦理教育訓練時，可能很多的老闆都會質疑，如果我把員工訓練好了，過了一或二個月，員工離職了，那怎麼辦?公司覓才，確實是可遇不可求，但當我們找到優秀又勇於任事的員工時，我們就需開始對他們實行教育訓練。首先要讓員工了解企業的目標、企業的發展及策略、當然也需考慮人員的素質、能力等，再依照公司的目標需求及員工的能力去規劃，去架構教育訓練的內容。假如我們的教育訓練都能以員工的角度出發，也站在員工的立場來思考，這樣就很容易改變員工的心態，員工也就會主動去學習，這樣子教育訓練的成果就會比較好。我們常說，人，是企業的基礎，沒有人，其實很多事情都辦不了，比如食物，是從農人一直到米商，一直到我們的生活當中。

因此，人在企業當中，扮演著非常重要的角色，我用五個方向，來做剛剛的結論。工作最初，是為了賺錢，企業最初，也是為了賺錢，所以企業的教育訓練中，就要加強員工的技術訓練，提高並改善員工工作的製程，當員工提高效率後，老闆就會給予獎勵，薪酬也會跟著提高，員工也因此得到績效的報酬。

對於企業，因為員工的技術創新並且提升，所以意外事件跟著減少，員工出勤狀況也會更加穩定，這樣就可以減少了材料及人事成本的浪費，也讓不良率跟著下降。成本降低，效能提高，也提高了服務的水準，對於企業而言，就增加了營收。再者是工作，因為透過教育訓練，員工具備了人與人之間交往的技術、解決問題的能力，也可以跟企業主管維持良好的溝通，這樣子企業就會更有凝聚力、向心力，增加員工對於企業的歸屬感與責任感，培養雙贏的思想。

最後談到生活的部分，企業文化最主要就是在提高員工的文化素質跟技術專長，若能滿足員工生理、安全、社交、尊重（愛與隸屬），近而達自我實現的需求。如此一來，不但可以讓員工生活更加安定，企業也因為形象好，凝聚力越來越高，達成企業目標更是指日可待。所以，現在有很多單位都在追求「幸福企業」，讓員工都能夠認同公司，為公司努力，企業也可以提供員工更好的福利，在競爭力上，也讓員工更能夠適應市場的變化，讓企業能夠持續的經營下去，達利益眾生的事業。

以上是我簡單的分享與回饋，謝謝大家！

主題：顧客關係與企業經營？

報告人：三商美邦人壽 林威佑 業務經理

教尊，現場所有的教授，還有我們台下所有的院主，各位義兄義姊，師兄師姐，大家下午好！我代表我們這組來分享顧客關係與企業經營的部分。我先簡單自我介紹：我在三商美邦人壽服務第十四年，在關聖帝君這邊結緣同樣也是十四年，因緣際會能夠接觸到恩主，感到很高興也很榮幸，目前是恩主護道會台中市分會的輔導會長，經常跟著師兄師姐們一起學習。

今天下午非常感謝能有這個機會上台，也很感謝小組讓我代表分享自己在顧客經營關係的這個區塊的小小心得，同時把我們小組剛剛討論總結的部分，做一個總結分享。在顧客關係的部分，在上午的課程中，有蠻多是我之前從未接觸也想像不到的一些經驗，所以能夠有這樣的機會來跟教授學習請益，非常珍惜。

在顧客經營，我們分成兩個部分，分別是外部行銷和內部行銷。通常我們對於一般顧客經營，都會以外部行銷為主，那何謂內部行銷，是我剛剛的一個突發點，等等也會跟大家分享。

在外部行銷部分，我們建構一個消費行為模式，首先要有一個循環模式，讓顧客重複消費，成為永久忠誠顧客。其次是引起注意，進而產生興趣，最後決定購買，養成習慣，成為我們的忠實顧客。至於產品的屬性，我們要去思考，最終是要給誰？就好比說，教授要不要行銷？教授有沒有顧客需求的問題？有！老師的顧客是學生，除了學生之外，還有家長，因為未來都是需要經營這樣的一個關係。包含醫生，病人就是他們的客戶了。今天這個課程，有沒有能行銷的客戶，其實是有的。只是在於顯性跟隱性的一個差別。所以產品銷售也有分成有形跟無形的，有形是我們看得到的，無形可能就是我們透過經營，甚至我們能帶給顧客的一些感受，是別人給不了的。有一句話說，如果我們能理性的經營顧客，顧客腦袋會開，只有感性的話語，顧客的口袋才會開。意思就是說，當我們跟客戶談自己的專業，他們會懂、他們會了解，但最後生意能否成交，甚至成為忠實顧客，就在於我們感性的部分能不能做得到。所以就呼應到今天早上教授講到的一件事情，我們要做一個有溫度的人，那溫度就是在我們感性的這個區塊，如何去跟客戶做經營，我覺得這個部分是我們未來可以繼續琢磨努力的地方，以上是外部行銷的部分。

至於內部行銷的部分又是什麼?就是企業必須要把自己所接觸到的所有的人，都當成是自己的客戶，也就是幸福企業的概念。員工、廠商、股東，這些都是一個企業會接觸到的。員工的部分，不僅僅是現在的員工，可能從人才招募開始，就要開始進行選才的動作，選訓用留。接著要讓員工對公司產生認同感，產生共識，並且去喜歡公司。但公司必須要有這樣的共識存在，所以也包含到今天所提到的策略規劃當中的文化跟願景，如果員工能有開心的心情，進而轉換延伸到與顧客互動行銷的那一刻，因為員工開心，喜歡這個公司，不需要特意教導，可能去跟客戶互動時，就會讓客戶感受得到公司的好。所以客戶在消費的過程，就可以感受到他得到的是物超所值的心情。可能顧客只有消費一兩百塊錢的東西，但卻有一兩千塊的價值感，這個價值感就是我們剛剛所提及的無形，有溫度的感覺，進而對公司產生認同，甚至成為公司永久的忠實顧客。所以欲感受到價值感的提升，它的演化就是，顧客先滿意了，滿意之後會產生忠誠度，忠誠度又分為態度的忠誠度與行為的忠誠度，態度的忠誠度就是會幫忙轉介紹，但自己不見得會去消費，只是覺得公司好，行為的忠誠度，就是不僅會幫忙轉介紹，也會自己去消費，甚至帶朋友一起去。

在內部行銷的部分，就不僅僅只是我們眼前看得到的這些有形的顧客了，還包含了員工、股東以及廠商。所以我覺得今天課程的五大主題，其實是環環相扣息息相關的。雖然本組討論的是顧客的經營跟企業的相關性，但人才的發展及策略的規劃都有一定的關連性，從人才的培訓，選才跟留用，一直到建立公司的文化跟願景，去吸引相同理念的人進來。過程中除了要做到員工的認同，產生對公司的共識建立，進而讓員工對顧客忠誠度產生影響都很重要。還有要持續研發跟創新，不要讓自己與社會脫節，不斷的充實自己保持鮮度，增加自己專業職能，最後建立一個可以利益眾生的事業，因為唯有先利他才能利己，才能走得長久。

以上這些內容，就是今天五位與談教授跟大家分享的綜合版。所以在顧客關係的經營，我覺得不單純只是看到顧客層面而已，在員工、股東以及廠商，這些正是我們在五常德中-義的部分，我們談到義，就是我們的一個中心思想，企業要先以服務為目的。我相信當我們把所有的顧客都服務好了，我們顧客關係經營必會永永久久。以上跟大家分享，謝謝！

主題：創新研發與企業經營

報告人：巧智有限公司　楊儒勳　董事長

教尊，各位教授及會場所有貴賓們，大家好。

我們今天上這堂課，非常值得，千金萬金也難以買到，我非常肯定教尊的用心，舉開了這場盛會，讓經營企業的朋友們都能共同成長。

剛剛宋教授帶領分組討論時，本組非常熱烈討論，深深地發覺到一個問題，就是台灣的產業斷層。什麼是產業斷層呢？是家族的產業斷層，有很多的公司，經營了三四十年，但老闆的兒子不想接班；再來是人才的斷層，學校的學生畢業出社會後，通常都會得到產業界的青睞，被錄取晉用，但上班不久，如果沒有再努力向前持續進步，我們的人才到最後都會流失。

沒多久前，我遇到一個在科技公司上班的朋友，結果前幾天他告訴我，他沒工作被裁員了，因為在這領域專業人才已飽和，他沒有被利用的價值了。社會本來就是良幣驅逐劣幣，本來就是強者踢除弱者。那我們的人才最後都到哪裡去了呢？我告訴各位，在夜市賣炸雞。

我的公司，是以發明產品為主，我不懂得科技，我做的是巧智拼巧，做一些研發的東西，一個巧智拼巧，它的變化率可以是四十八的九十六次方，在台中的科博館就看得到了。我們的產品也即將舉辦全國性比賽，也一直在學校推廣，它即將變成課綱的一部份，南一書局目前也正積極在與我們接洽配合中。我上台不是要來介紹我的產品，但我要強調的一點是創新研發真的很重要。

各位，您的小孩子很會念書嗎？絕對有一半是不會念書的，小孩子不喜歡讀書，並不代表他沒有能力，愛迪生不聰明，但是他是世界上最偉大的發明家，愛因斯坦也是如此。他們不聰明，但是他們有他們的特殊能力。我們一定要發掘到孩子的長項，他們都是國家未來的發展人才，應好好地加以培養，也許台灣未來的數學家、科學家、發明家，就是在座的子女喔！

再強調一次，世界級的人才，可能就是你兒子，可能是你女兒，不要懷疑不要放棄，一般學科的內容，他們可能沒興趣，但是他們會有某方面的專長長項，專長找出來以後，我建議畢業之後要持續追蹤他們，會不會因缺乏與時俱進而被時代淘汰。

另一種現象是大學生畢業出來，沒多久就想要當老闆了，就想要跟老闆一較長短，導致我們的整個產業鏈都亂掉了，沒有了所謂的產業倫理，所以說造成的社會斷層是有原因的，我們要怎麼樣建立產業的倫理，就是當老闆的，千萬不能有私心，不要覺得自己當老闆就好，要讓你的員工也有當老闆的機會，這個產業就不會有斷層，所以制度的建立是非常的重要。

發明創造靠智慧，學問不是萬靈丹。比如一個小孩子不喜歡念書，但我們要發掘他的特有專長，多方試試看，人生本來就是經驗的累積，好好把我們的子女加以培育訓練好，讓他們具備相當的能力，在社會上才有競爭力，也才能立足不被淘汰。至於什麼是發明呢，發明其實就誠如教授所說的，就是發現而已。我們之前洗澡都是用舀水的，結果有人挖了個洞，吸進去噴出來，蓮蓬頭就這樣發明出來了，其實這是發現而已，他發現這樣比較方便嘛。所以說，發現到你兒子、女兒的特別專長，才能夠培養出國家未來的人才，不要放棄任何一個笨的孩子，包括接受特殊教育的孩子。

我所知道的一個特殊教育的孩子，是我們天台山的第二代兒女，我也經常鼓勵他，現在他發展得很好。時間的關係，我現在來說一下企業經營，我只知道如果要成功，三項而已，天時、地利跟人和。天時，時間點要對，像是疫情來襲，實體店面經營就變得很困難；地利，賣的東西要對；人和，要用對的人，員工要對，客戶群也要對。所以我認為，企業經營的好壞在於老闆，老闆要不斷自我檢討，如果不知道什麼叫做天時地利和人和，不懂得事業是要以利益眾生為出發點，那距離成功將是遙不可及的。謝謝大家！

主題：社會責任與企業經營

報告人：宏達益企業有限公司　施振隆　董事長

教尊，各位教授，各位企業先進，各位師兄師姐大家好。

我代表我們這組跟各位報告「社會責任跟企業經營」的關係。我的公司是宏達益企業有限公司，生產的是人體工學產品，雖然就只有一樣，但產品已經衍生出兩百多個標準品，標準的產品是公司的編碼。公司的主力是做國外的代工，國外很多的醫療設備與人體工學產品，幾乎都是公司幫忙代工再銷到國外去的。

為什麼會從事人體工學，是當初在經營的時候，考量到人都會有各方面的生理問題，不論是工作上面的，或是生活方面，甚至平常生活的行住坐臥當中，就有可能產生種種的困擾。所以我們就把公司定位，要學習觀世音菩薩救世的精神，公司取名為「天使愛」，當時創業我就是緣於這樣的初心。

公司的圖騰請國外設計師幫忙設計，就是一個天使，手上提著一個皮箱。開發更多產品，來幫助更多的人，減輕他們在行住坐臥當中的痛苦，就是我們從事人體工學的理念所在。

當然，人分做好幾種人，我們現在是正常人，可以齊聚一堂參加進修研習，可是在醫院裡有病人，在家裡有必須要照顧的老人，有些家庭甚至有身體殘疾或行動不便的人，還有開車族，不同體形狀況，也會有不一樣的需求。所以公司的人體工學產品，涵蓋的種類很多，從頭到腳，從枕頭到墊子到鞋墊都做。從白天到晚上，幾乎都用得到我們公司的產品。然而，公司不是只為特定的年紀或對象服務，而是從嬰兒到老人，都是我們開發的客群。對於嬰兒，我們提供的產品是黃疸照射或進行手術時很小很軟的膠墊，這是因應醫院需求的客製化產品。公司開發的產品項真的很多，也因為當初有這樣的願力，才能造就現在的我們，能為廣大客群做更多的服務。

我很感恩上天給我這樣的機會，讓我在從商的過程中，可以接觸不一樣的人群，了解他們的不同需求，才能有這樣的願心，去開發更多的產品來幫助他們。所以一路走來，覺得很充實很有意義。

剛剛談到社會責任，我的認知這是一個很大的議題。如果社會責任是由外面加進來的，會是一頂帽子，是因為別人要求你才做的。我們很幸運的是，我們可以自己發心，我們願意從創業開始，就把它當成一個事業，有多少能力就做多少事。雖然中小企業能力有限，但我們也都盡自己最大的力量，分別在不同的面向來執行。

第一個是在開發產品上面，幫國外上市公司代工做各種不一樣的商品，教授早上講的 ESG，從環境及種種的因素著眼，我們對於產品的要求，都會有一個社會責任的驗廠。還有對環境，我們的 social audit 裡面，包括環境，包括製程，我們的人怎麼樣去保護，產品怎麼樣去保護，都是在品管的系統裡。如果是在社會責任的方面，那就會有不同的要求，我們也都會順著這個部份來執行。

公司除了接受客戶的委託，也自己開發很多產品，只要看到哪個地方有需求，我們認為對人有幫助的，都自己去申請立案，並持續的開發。目前手上至少有二十個案子在開發中，最近有兩個比較特殊的產品，一個是關於老人家褥瘡防患的墊子，在床上或是在輪椅上都適用，針對這個設計的墊子很理想，希望未來對有需要的人，能夠提供很大的幫助。另外一個案子，是針對睡眠品質不好或者有睡眠障礙的朋友，所開發的臥具檢測平台，科技部也提供人才來參與這個開發案。只要是對人們能夠提供幫助，我們就會持續去研發生產，讓產品能精益求精。

除了剛剛講的代工，持續的開發商品，也是為因應我們所講的社會責任，公司本身是製造商，把產品給丁丁、杏一以及維康…等系統販賣。受限於相關規定，我們沒辦法完全去做產品的宣導，所以公司也參與了長照 2.0，我們在后里、台北跟彰化都有設點，希望的是善知識能夠相互的傳遞流通，讓更多人知道政府的良善政策或者分享專業的知識，讓老人家可以得到更好的照顧跟安全維護。企業經營如果脫離了社會責任，那這個企業絕對不是利益眾生的事業。

我們的恩主-關聖帝君經常強調，事業應以利益眾生為出發點，我們公司確實做到了。希望跟著恩主的教誨，我們能繼續努力以利益更多的眾生。當然傳承接班的問題，我也跟同事們討論，公司有這麼好的人才，這麼優良的業務基礎，我們希望跟了公司二十幾年的老幹部，也能成為公司的一份子，將來公司會公開發行，讓這個事業體以原來的優勢基礎及良善理念繼續前進，相信未來誰接班，誰承接，都會是對社會有所幫助的。所以，前段是捨我其誰，後段是成功不必在我。

謝謝大家！

主題：策略規劃與企業經營

報告人：東暖閣 國際企業股份有限公司 陳裕昌 董事長

教尊，親愛的與談教授們，以及所有的專家和台下的事業先進夥伴，所有的師兄師姐，大家下午好！

在分享之前，我要非常感謝一位我相當要好的朋友，那就是周教授。因為今天下午在做分組討論的時候，我們這組成員都非常認真，在討論過程當中，從理論的探討，到案例的分享，以及包含到如何建立自信心…，我們都覺得時間非常不夠，欲罷不能，但是因為時間真的很有限，沒辦法再繼續下去，但我相信各位的緣分絕對不是到此刻為止，因為我們另外還有一個時間點，就是十二月十九號的新書發表會，我們大家有約喔，請大家一定要記住。

為什麼我剛剛說我們很認真，它有一個指標，這個指標就是我們成員中護道總會的李副總，我看他全程眼睛都睜得非常大，我很少看到他出現打瞌睡的情形，尤其是聽到上課這個詞，真的是非常不簡單。我想，周教授今天帶給我們很多的啟發與收穫，讓我們都滿載而歸。

接著，我想先自我介紹。我的公司主要是做品牌的輔導跟建立，就是大家比較常稱的顧問公司，不一樣的地方是我還有自創品牌。一般顧問公司比較少會自創品牌的，我們旗下有兩個自創品牌，一個就是有機咖啡事業，另外一個就是火鍋，歡迎各位有機會到公司來指導。另外我還有一個投資事業，是營造公司，如果各位要蓋豪宅或者透天厝，也可以找我喔。

今天我就代表我們這組來做一個報告，我們這組要報告的就是策略規劃與企業經營。其實企業的經營要成功，大概就三個關鍵而已，第一個是要掌握到關鍵的資源，例如目前的資源夠不夠、通路的資源夠不夠，這些都是在資源的範疇裡面。第二個要掌握的是關鍵的技術，這個就是說技術是領先同業，領先別人的，等於說贏人家很多，輸人家很少，這個就是關鍵的技術。第三個是關鍵性的人才，一旦有了關鍵性的人才，自然有辦法去幫你分憂解勞，讓你的傳承計畫，接班人計劃，都有辦法傳承下去。所以這是三個在企業經營，很重要的決勝關鍵。

那第二個談到策略這兩個字，教授為我們做很精闢的定義，叫做替未來決定現在要做什麼，所以策略很重要。當我們要去制定策略規劃的時候，第一個步驟要去釐清跟制定企業的公司文化，由企業的高層或者是創辦人，邀約中高階的關鍵主管，共同來制定，這樣才有辦法把我們企業文化推廣到最基層去。那企業的文化會不會隨著時間的轉變逐漸的薄弱或者式微？這個是會的。如何讓企業的文化維持在一個高度的共識裡面，這邊提供一個方法，像是我在我的企業裡面，會定期去做一個企業文化的列車巡迴，例如我就以我的英文名字叫做Andy，定一個叫做安迪列車，定期到公司的部門去宣講，或者去傳承我的企業文化。企業文化不是一天一夜就可以達成，它是日積月累不斷的去做堆疊，所以一個企業的文化建立非常重要，它就像一個人的靈魂一樣，所以不要做一個有體無魂的企業，這樣就很可惜了。所以文化的重要性就在這邊，那當然制定了企業文化，接下來還有很多策略規劃的措施要去做發展。

第二個觀念就是要有一個期程，就是時間點。做策略規劃會聽到短中長期的規劃，長期的話，有的人定十年，有的人定五年；中期的話，有的人定三年，有的人定一年；那短期，就是一季。所以過去我們在定策略規劃，我們會定一個數，叫做十五三一Q，十就是十年計劃，五就五年，三就是三年，一就是一年，Q就是一個季。所以這是一個期程。最後一件事情，就是要去做檢核，要不斷的去做修正，企業才能不斷的精進成長。

接下來，我就來分享我們的企業文化，以及我們策略如何去發展起來。各位手上都有一本手冊，請翻到第九十六頁，我想透過這個手冊來跟各位說明，會比較清楚一點。我們看到第九十六頁最左上方，是我們發展的流程圖。一個企業文化要去形成，要先有使命、願景跟價值觀，使命就是希望公司成為一個最優質的公司。願景就是，我要達到區域性，或者我要達到全球化，做到某某領域的領導品牌，這就是願景。所以使命跟願景是不一樣的。第三個叫做價值觀，價值觀談的是，例如公司的文化裡面，是誠實擺第一，那價值觀就是誠實，如果是品質擺第一，那價值觀就是品質，或效率或滿意度。往下再去發展策略，策略要去因應、支撐願景，例如我要成為全球的水龍頭的優質品牌公司，那它就必須要靠價值觀跟使命，共同來支撐。所以會看到那個圖上的箭頭，是往中間去拱起來的。接下來為了要去完成願景、使命跟價值觀，它必須要有策略來做支撐，有了策略之後，往組織裡面走，就是要去設定目標來執行。設定目標執行之後，會有關鍵的檢核執行的流程，最後透過績效來做檢核。只要再加上時間，就變成了一個完整的策略規劃圖。例如設定時間為一年，那這個就是一個中期的規劃。

接下來我們要看到的是，一個產品要變成一個品牌，其實是很不容易的，這是一個很艱辛的過程，雖然只是差一個字，但如果淪落到只是在做產品，沒有策略的話，那就很容易被取代跟模仿。所以我在經營品牌，品牌是一個策略、戰術，我們可以看到下面的三角形，產品的話有服務跟活動，產品必須有品質，差異化跟競爭力，那服務就是照顧好員工、股東跟客戶；活動，你的品牌定位是什麼，行銷計劃是什麼，媒體通路是什麼，那取這個品牌定位的重要性，它在我們文化的第二層，會看到最右上方的那頁。

品牌定位我舉一個實際案例，在大陸有一個做礦泉水的品牌，有一個新的礦泉水品牌想要去市場爭奪一席之地，它的礦泉水瓶身，跟大家都是一樣的，但它裡面的水大概只有裝一半而已，而且賣的價格跟完整的一瓶水是一模一樣的，殊不知這家礦泉水的策略是什麼？它就告訴消費者，因為全世界非常缺水源，尤其是在非洲，我們有經過調查，通常一瓶礦泉水，大部分的人都喝不完，剩下最後的都浪費掉了，我們就是這剩下的水，到非洲去挖水井，提供一些比較貧困的地區，有水可以喝。所以在瓶身上，就會發現可以掃到一個 QR code，那掃的這個 QR code，就會發現你捐的錢，就是你買的那個整瓶的費用，是捐到哪一口井去，它很厲害的去把品牌跟公益去做一個結合，這就是它的策略，所以它的礦泉水就突然間一炮而紅，所以這就是我們在策略規劃的這個重要性。

我今天就分享到這邊，期待我們十二月十九號再相見！謝謝！

閉幕式總結

計畫主持人 黃士嘉 教授

擔任這個計畫的主持人，本人表示非常高興。

遵照教尊的指示，應該愛有頭有尾才對，所以，最後我還是應該要講講話，但是不能講太久。

企業經營，我認為有3個層次論。馬斯洛發明一個心理需求的層次論，那是一個唯一沒有經過科學實證、自己想出來的理論。我這個理論也是沒有經過實證，但是透過觀察想出來的理論。

企業經營有三個層次，第一個層次號做「夯蚷刷仔走雲頂」、第二個層次就是「夯關刀走厝頂」、第三個是「踞佇土腳揀龍眼」，甚麼意思呢？

企業經營，有時候我們要站在很高的地方，往下看得更開闊，所以要有國際視野，那「夯關刀走厝頂」，就是你可以再靠近我一點，稍微貼近我們實際要執行的策略啦！最最重要的就是第三個層次「踞佇土角揀龍眼」，腳踏實地、一步一腳印，確確實實的去實踐，人才發展、創新研發、顧客關係、策略規劃、社會責任，這五大主題，都要「踞佇土腳揀龍眼」，一步一步，毋好甘那空談爾，從現在開始，今天五大主題，就有賴各位，好好的「踞佇土腳揀龍眼」，一步一腳印的去實踐它。

最後，感謝教尊！有教尊的支持，咱才有這場的活動；感謝五位教授，我的好朋友。周少凱教授講我是一個肉粽頭，肉粽頭提起來，肉粽就攏走出來啊！毋過我講，肉粽頭提起來，肉粽逐粒攏愛紮腹的，袂使空心的，今仔日尋來的有紮腹無？甲怹拍一咧博仔。閣來，感謝咱後壁節目部的，導播企起來予逐家看一咧，還有咱這工程師啦！再來，咱教尊領導的玄門山工作團隊，甲怹拍博仔一咧。

最後，最後，最後，感謝自己，謝謝您們的參與。

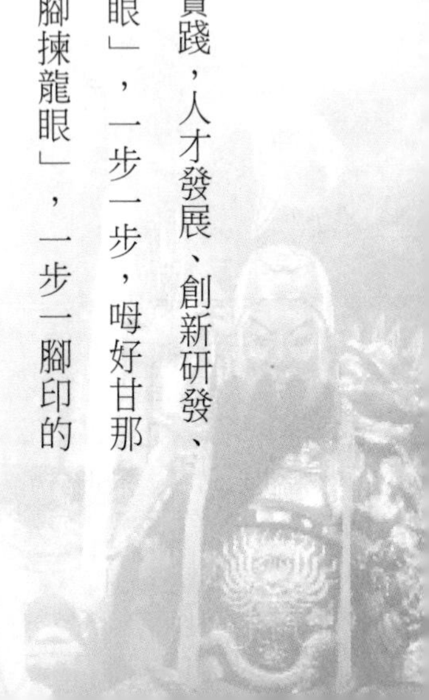

辦理2021企業經營學術論壇
玄門真宗聖
服務台

附錄二

照片集錦

2021
聖凡雙修
企業經營實

辦理2021企業經營學術論壇
選賢拔聖渡九玄
玄門真宗聖道開

媒體資訊中心

牛轉台樸

簡歷
國立彰化師範大學工業教育系人力資源組博士
東海大學工業工程系學士、企業管理研究所碩士
INNOVATION

2021
聖凡雙修的生活方式
企業經營實踐策略學
承辦單位：國立勤益科技大學

2021
企業經營實踐策略學

2021
聖凡雙修的生活
企業經營實踐策略學
主辦單位：中華關公信仰研究學會
承辦單位：國立勤益科技大學文化創意事業系

2021
企業經營實踐

2021
聖凡雙修的生活
企業經營實踐策略學
主辦單位：中華關公信仰
承辦單位：國立勤益科技大
信
精進修行

後記

活動執行感言

玄門真宗
玄興教尊 法語
做一個篤定的自己

五常德教義學術論壇活動執行感言

計畫主持人：黃士嘉
國立勤益科技大學　文化創意事業系　副教授

2021「聖凡雙修的生活方式」企業經營實踐策略學術論壇暨專書發表會之研究，是國立勤益科技大學文化創意事業系與中華玉線玄門真宗教會及中華關公信仰研究學會再度合作的產學計畫。2020年的學術論壇與專書出版，雖然因為新冠肺炎疫情的攪擾，皆有所延宕，但在全體工作同仁的齊心協力之下，終能圓滿，並獲得與會人士的高度肯定，且在教尊的殷殷期許之下，遂有2021年再次舉辦學術論壇的機會。

2021年的計畫，除了學術論壇以外，教尊指示應該有更為創新的活動模式，因此工作團隊歷經多次的計畫撰寫與討論、修改，另外增加學術論壇專書發表會、2021第一屆「關帝爺」臺語講古比賽、2021第一屆「關公」意象設計比賽、2021第一屆玄門山「百家爭名」中小企業形象識別創意設計大賽，總計辦理5項活動。原訂於一一〇年6月12、13日（週六、日）舉辦學術論壇、講古比賽、意象設計比賽及中小企業形象識別創意設計大賽，於一一〇年12月19日（週日）舉辦學術論壇專書出版發表會，並將5項活動均於總教區玄門山辦理，期望透過活動的舉行，讓與會人士有更多機會認識玄門真宗，鼓勵關聖帝君的濟濟信眾有更多機會回到玄門真宗這個溫暖的大家庭。

但是，2021年的新冠肺炎疫情再次肆虐，全台進入三級警戒將近3個月，所有大型活動一律停辦，當然本計畫各項活動必須配合防疫措施，延期已是勢在必行。工作團隊思考再三、一再討論兼顧防疫措施與活動的順利進行，期望透過嚴謹的防疫措施，亦能傳達關聖帝君庇佑信眾、守護蒼生的初衷；因此決定，2021第一屆「關帝爺」臺語講古比賽延期至一一〇年9月4日（週六）舉辦，並採取各組分流入場方式，且僅限參賽學生進入比賽場地，指導老師及家長則於室外觀看現場直播；企業經營實踐策略學術論壇延期至一一〇年9月5日（週日）辦理，並限縮邀請與會企業人士的規模。

9月4日（週六）舉辦之2021第一屆「關帝爺」臺語講古比賽，於今年3月即已完成所有比賽實施計畫，並發函臺中市、彰化縣、南投縣等教育局處，鼓勵各公私立國民小學學生，以個人方式報名參賽，凡與關帝爺的生平事蹟、關帝爺的信仰神蹟、關帝爺的五常德精神對現代生活的啟示與應用，或其他與關帝爺有關的故事等，皆可做為講古內容。透過工作團隊的努力宣傳，終能獲得眾多長期於鄉土語言教學領域孜孜矻矻耕耘的老師同好之支持，踴躍指導學生報名參賽，並確實達成原訂參賽人數的績效目標。然而，疫情的再次侵擾，打亂許多人的生活日常，比賽的延期也降低參賽意願；所幸得力於關聖帝君的慈悲，工作團隊的全力籌備、絕不放棄，比賽當日的參與情形，雖不滿意但尚能接受。所有與賽的同學們，在指導老師的有效教導下，發揮堅持到底的精神，表現皆可圈可點，讓這項比賽可以透過臺語講古的方式，確實讓更多人了解關聖帝君的生平事蹟、信仰神蹟，以及五常德精神對現代生活的積極指導功能。

9月5日（週日）辦理之企業經營實踐策略學術論壇，在籌備期間，即就「仁、義、禮、智、信」五常德之「智—企業經營」，聚焦討論，並分為五個面向，期望透過五位專家學者，撰寫論壇稿件，帶領與會企業界人士分組討論，產出企業經營的參考綱本。五大面向邀請之專家學者包括：

人才發展與企業經營：薛朝原經理（勞動部勞動力發展署人才發展品質管理系統 TTQS 中彰投區服務中心專案經理）

創新研發與企業經營：宋文財教授（國立勤益科技大學電機工程系教授）

顧客關係與企業經營：周聰佑教授（國立勤益科技大學流通管理系主任）

策略規劃與企業經營：周少凱教授（嶺東科技大學國際企業系創系主任）

社會責任與企業經營：龔昶元教授（國立臺中教育大學國際企業系創系主任）

五位教授分別為各該領域學有專精、耕耘多年，且具豐富實務經驗的專家學者，均獲得教尊、蔡會長及諸位工作夥伴一致高度認同，實屬不做二人想的最佳人選。論壇舉辦當日，五位教授的專業展現及其弘揚關聖帝君企業經營精神的高度熱情，深獲教尊及工作夥伴，以及與會企業界經營者的讚賞。豐富的主題論壇，五位教授依序進行各自領域的專題報告，分組討論時間，五位教授分別帶領五組，進行更為深入的討論。

分組討論的成果報告，感謝各組遴派優秀企業界代表報告分組討論的重大成果，獲得相當熱烈的迴響。報告主題及報告人如下：

人才發展與企業經營：新光證券台中分公司詹悅珠協理

創新研發與企業經營：巧智有限公司楊儒勳董事長

顧客關係與企業經營：三商美邦人壽林威佑業務經理

策略規劃與企業經營：東暖閣國際企業股份有限公司陳裕昌董事長

社會責任與企業經營：宏達益企業有限公司施振隆董事長

本次 2021「聖凡雙修的生活方式」企業經營實踐策略學術論壇之舉辦，是繼 2020 年，再次匯聚宗教能量與企業經營學術專業和實務界的創新活動模式，對於開展關聖帝君企業經營利益眾生精神的弘揚道路，又往前邁向一大步。論壇得以順利圓滿、達成任務，實賴中華玉線玄門真宗教會教尊、中華關公信仰研究學會蔡會長的鼎力支持，以及在這過程眾多工作夥伴提供各項協助，值此論壇專書出版前夕，謹以計畫主持人之職，向大家致上十二萬分的謝意！

國家圖書館出版品預行編目資料

關聖帝君利益家生事業／陳桂興主編,黃世嘉計畫主持.
——第一版——臺北市：宇河文化 出版；
紅螞蟻圖書發行，2022.1
面 ； 公分——(玄門真宗；12)
ISBN 978-986-456-325-8（平裝）

1.企業經營 2.宗教道德

494.1　　　　110020250

玄門真宗 12

關聖帝君利益眾生事業

主　　編／陳桂興
計畫主持／黃世嘉
發 行 人／賴秀珍
總 編 輯／何南輝
校對整理／柯貞如、陳芊妘、紀婷婷
美術構成／沙海潛行
出　　版／宇河文化出版有限公司
發　　行／紅螞蟻圖書有限公司
地　　址／台北市內湖區舊宗路二段121巷19號(紅螞蟻資訊大樓)
網　　站／www.e-redant.com
郵撥帳號／1604621-1　紅螞蟻圖書有限公司
電　　話／(02)2795-3656（代表號）
傳　　真／(02)2795-4100
登 記 證／局版北市業字第1446號
法律顧問／許晏賓律師
印 刷 廠／卡樂彩色製版印刷有限公司
出版日期／2022年 1 月　第一版第一刷

定價 320 元　港幣 107 元

ISBN 978-986-456-325-8　　Printed in Taiwan

關聖帝君《玄靈高上帝》親敕 建立自己的教門
尋回自己的累世的門徒 咸令得到皈依、歸宿

玄門真宗 總山門

玄門山

關聖帝君《玄靈高上帝》親臨降頒，尋回自己的緣生門徒，為近二千年的神威救渡及五常德『仁、義、禮、智、信』精神能有一定位，更讓關聖帝君《玄靈高上帝》近二千年來的神人因緣、門徒有所的皈依歸宿。

天運甲子歲次開科，關聖帝君《玄靈高上帝》親敕點選門徒，創建以『關聖帝君《玄靈高上帝》』為教主的宗教脈延，親敕以『玄門真宗』為教名，更從立『教名』、『會集賢才』、『創建道場』、『立教申請』、『學術公聽會』等完成創建以關聖帝君《玄靈高上帝》為教主的『玄門真宗』。

根據「玉皇尊經」的記載，關公在公元一八六四年被各教教主推舉，禪登「玉皇大天尊玄靈高上帝」，至今一百三十餘年，復於公元二〇〇三年在內政部正式申請立教，有了自己的教門，自己的國度，稱為圓融國度。

關聖帝君如今已立有自己的教門『玄門真宗』來宏揚無量無邊的神威誓願，有廣大的門徒，有完整的經卷和殊勝濟世的方便法門，如今更創建『玄門山』為宣教總山門，得以更完整的建制，組織，宏揚關聖帝君《玄靈高上帝》的大誓願天命、拔選人才、為社會，為云云眾生行救渡、救贖、教化的大慈悲誓願。

讓我們在恩主恩師的五常課程學修教門

追求法喜的身體健康

創造通達的人際關係

經營和諧的圓滿家庭

建立利益眾生的事業

實現精勤的人生理想

歡迎你回家

教脈道務中心

玄門山迎賓室

紫林禪寺
生基殿
玄勝院